THÉORIE

PRATIQUE DES GUILLOTINES

OBTURATEURS

CENTRAUX DROITS

PAR

J. DEMARÇAY,

ANCIEN ÉLÈVE DE L'ÉCOLE POLYTECHNIQUE

PARIS,

GAUTHIER-VILLARS ET FILS, IMPRIMEURS-LIBRAIRES

DE LA SOCIÉTÉ FRANÇAISE DE PHOTOGRAPHIE

Quai des Grands-Augustins, 55

1892

THÉORIE

MATHÉMATIQUE DES GUILLOTINES

ET

OBTURATEURS

CENTRAUX DROITS

PAR

J. DEMARÇAY,

ANCIEN ÉLÈVE DE L'ÉCOLE POLYTECHNIQUE.

PARIS,

GAUTHIER-VILLARS ET FILS, IMPRIMEURS-LIBRAIRES

DE LA SOCIÉTÉ FRANÇAISE DE PHOTOGRAPHIE,

Quai des Grands-Augustins, 55.

—

1892

INTRODUCTION.

On peut distinguer, parmi les obturateurs photographiques, deux grandes catégories, l'arête obturatrice étant dans les uns un cercle qui vient, lors de l'ouverture, coïncider avec le diaphragme, dans les autres une ligne droite. M. Jubert a fait remarquer dès 1880 [1] l'avantage, au point de vue du rendement [2], des arêtes droites sur les arêtes concaves vers le centre du diaphragme.

D'autre part, on ramène facilement, ainsi que je l'ai indiqué [3], la théorie des guillotines et obturateurs centraux circulaires à celle des obturateurs de même espèce à arête obturatrice droite.

En ce qui concerne ces derniers, on fait généralement, dans la pratique, passer l'arête obturatrice par le pivot autour duquel tourne l'organe, sans que les conséquences de ce choix particulier aient été établies, non plus, du reste, que l'influence de la distance du pivot au centre du diaphragme.

Je me propose d'établir ici la théorie des guillotines et des obturateurs centraux dans le cas où l'arête obturatrice

---

[1] *Bulletin de la Société française de Photographie*, 1880, p. 135.

[2] On rappelle que le rendement est le rapport entre la pose réelle et la pose à plein diaphragme simultanée. Le mot n'avait pas encore été prononcé en 1880, mais l'idée était implicitement contenu ᶜdan la communication de M. Jubert.

[3] *Bulletin de la Société française de Photographie*, 1891, p. 277 et 278.

est une droite quelconque tournant d'un mouvement uniforme, en rappelant que j'ai précédemment nommé *obturateurs excentriques* ceux dont l'arête obturatrice ne passe pas par le pivot autour duquel elle tourne (¹).

De cette théorie résulte l'existence de dispositions pratiquement réalisables, où le rendement, *en vitesse uniforme,* peut dépasser o,7 alors qu'aucune des dispositions actuellement en usage n'atteint o,6 dans les mêmes conditions.

M. Fouché, agrégé de Mathématiques, a bien voulu revoir mes calculs; je suis heureux de l'en remercier.

(¹) *Bulletin de la Société française de Photographie,* 1891, p. 3o1. La présente théorie complète et rectifie sur quelques points cette première ébauche. Les principales modifications sont résumées aux pages 19-21, 34, 41-44, 48-49, 57-58 ci-après.

THÉORIE

MATHÉMATIQUE DES GUILLOTINES

ET

OBTURATEURS

CENTRAUX DROITS.

Dans son mouvement de rotation, une arête obturatrice rectiligne enveloppe une circonférence qui sera dite *excentrique*, dont le rayon est la distance du pivot à la droite. Soient a cette distance, d la distance du pivot au centre du diaphragme dont le rayon est r. Si l'on prend d pour unité, le rayon du diaphragme devient $\frac{r}{d}$ que je désigne par ρ ; celui de la circonférence excentrique $\frac{a}{d}$ que j'appelle l'excentricité μ.

GUILLOTINES.

Ces instruments consistent en un secteur évidé qui tourne autour d'un point de son plan de manière à venir encadrer le diaphragme lors de l'ouverture complète (*fig.* 1). Si le pivot est sur la bissectrice de ce secteur, les distances aux côtés du secteur, différentes en général, deviennent égales et l'obturateur ne comporte plus qu'une excentricité au lieu de deux. Ce genre de guillotines sera dit *symétrique*.

L'une des arêtes obturantes, tangente au diaphragme au début, passe devant lui pendant la période d'ouverture pour redevenir, à la fin de cette période, tangente en un autre point de la même circonférence.

La fermeture peut se faire de deux manières différentes. Le secteur peut continuer de tourner dans le même sens. La deuxième arête obturante entre alors en jeu, et son mouvement utile se termine quand elle redevient tangente au diaphragme.

On peut, au contraire, supposer que, l'obturateur une fois

ouvert, l'arête obturatrice rétrograde et recouvre de nouveau
le diaphragme. La deuxième arête du secteur devient alors
inutile. On peut la supprimer et considérer l'obturateur
comme une sorte de *vanne* se refermant après s'être ou-
verte. Théoriquement, si le mouvement des organes est uni-

Fig. 1.

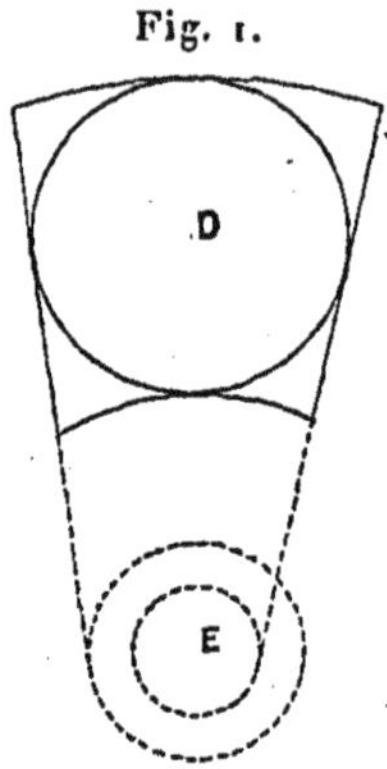

forme, et c'est la seule hypothèse qui sera envisagée, ce
genre d'obturateur ne diffère pas comme effets de la guillotine précédente supposée symétrique, étant admise l'équi-
valence de tous les points du diaphragme au point de vue
de l'image. Dès lors, il n'y a plus lieu de s'en occuper.

Dans les guillotines, l'action se compose donc de deux
phases distinctes successives, se rapportant chacune à l'une
des deux arêtes. Si T_0, T_f sont leurs durées respectives,
S_0, S_f les rendements partiels correspondants, le rendement
total sera

$$S = \frac{S_0 T_0 + S_f T_f}{T_0 + T_f}.$$

S_0 et S_f sont des fonctions de deux variables indépendantes
chacune; le pivot étant unique, S est fonction de trois variables indépendantes. Dans la pratique, les guillotines asymétriques ne peuvent présenter qu'un intérêt médiocre. Les
qualités qu'on voudra rechercher dans ces instruments,
durée ou rendement, seront, en effet, développées à leur
maximum dans les guillotines symétriques. On abandonnera
donc la discussion compliquée de ces instruments pour se
borner à celle des guillotines symétriques.

Dans celles-ci, la ligne de symétrie est la droite qui joint le centre du diaphragme au pivot. Le secteur obturant occupant des positions symétriques $A_1 C_1 B_1$, $A_2 C_2 B_2$ (*fig.* 2), les arêtes d'ouverture $A_1 C_1$ et de fermeture $B_2 C_2$ sont aussi symétriques, et les surfaces découvertes du diaphragme sont égales. Les déplacements angulaires de ces arêtes étant pro-

Fig. 2.

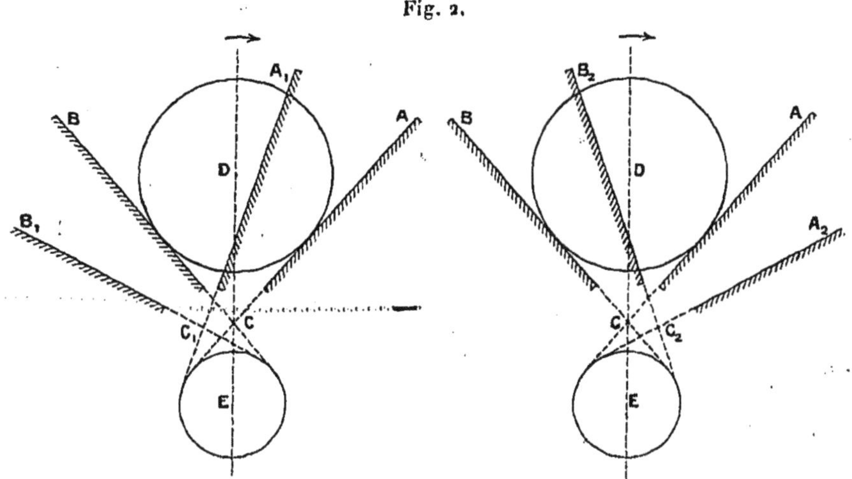

portionnels aux temps et comptés négativement ou positivement, pour chacune d'elles, à partir de sa position à l'ouverture totale, lorsque le diaphragme est encadré par le secteur ACB, seront égaux et de signe contraire pour les deux positions du secteur. Si donc on prend pour ordonnée la fraction de la surface du diaphragme qui est découverte, pour abscisse la fraction du trajet angulaire total parcourue, on définit une courbe symétrique qui n'est autre que la *courbe de rendement,* le rapport de sa surface au rectangle circonscrit, construit sur l'unité d'ordonnée et d'abscisse, représentant le rendement.

A l'ouverture complète, les côtés du secteur qui encadrent le diaphragme sont, par hypothèse, des tangentes de même espèce. Cette définition distingue des guillotines différentes (*fig.* 3 et 3 *bis*) répondant aux mêmes données : excentricité, rayon du diaphragme. Elle servira, par la suite, à les dénommer : les guillotines seront dites *externes* ou *internes* suivant l'espèce de ces tangentes.

Au contraire, les positions de contact d'une même arête à l'ouverture et à la fermeture sont d'espèce différente. On voit donc que les circonférences de rayon ρ et μ sont nécessairement extérieures et qu'on a $\mu + \rho \leqq 1$.

Fig. 3.

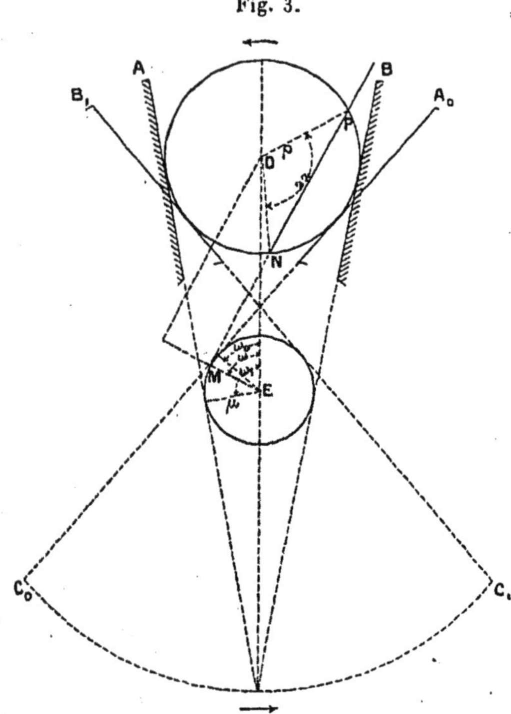

Soit ω l'angle de la ligne de symétrie avec le rayon issu du pivot normalement à l'arête obturatrice. Si, par le centre D du diaphragme, on mène des parallèles aux tangentes communes, elles seront éloignées du pivot E, la parallèle à la tangente intérieure de $\mu + \rho$, la parallèle à la tangente extérieure de $\mu - \rho$ et l'on aura, pour définir le premier angle ω_0, la relation

$$(1) \qquad \cos \omega_0 = \mu + \rho,$$

pour le deuxième ω_1,

$$(2) \qquad \cos \omega_1 = \mu - \rho.$$

L'angle Ω dont une tangente tourne pour passer d'une position de contact à l'autre est

$$\Omega = \omega_1 - \omega_0 = \text{arc } \cos(\mu - \rho) - \text{arc } \cos(\mu + \rho).$$

C'est la moitié du déplacement du secteur dans son mouvement total, déplacement qui est d'ailleurs le même pour les deux guillotines.

Soit MNP une position quelconque de l'arête obturatrice.

Fig. 3 bis.

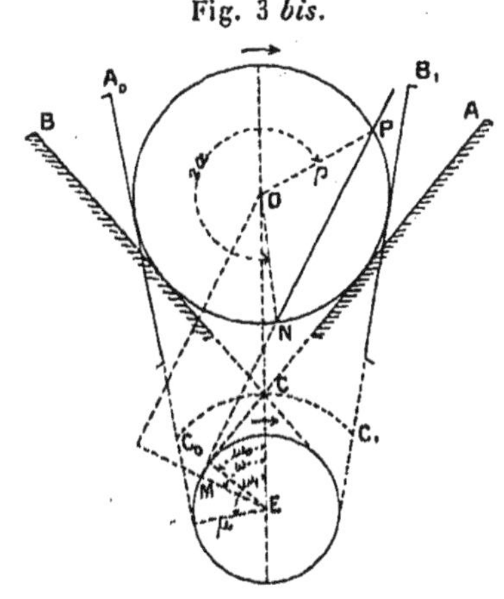

L'angle dont cette arête a tourné depuis le début de l'action est différent suivant qu'elle était alors tangente intérieure ou extérieure. Dans le premier cas (fig. 3) il est $\omega - \omega_0$, dans le deuxième (fig. 3 bis) $\omega_1 - \omega$. Suivant que l'arête appartient à l'une ou à l'autre guillotine, les surfaces découvertes sont d'un côté ou de l'autre de l'arête et, par suite, leur somme est la surface du cercle D. En même temps, les déplacements ont une somme égale à Ω.

De cette remarque résulte une relation importante des deux courbes de rendement. Pour des abscisses dont la somme est l'unité, les ordonnées ont une somme égale à l'unité. Soit PYOX (fig. 4) un rectangle tel que OY représente l'unité des ordonnées et OX l'unité des abscisses. PHO étant une des deux courbes de rendement, dont l'origine est en O, représente la deuxième courbe de rendement retournée ayant son origine en P. La somme des rendements, qui est celle de la surface des courbes, est donc aussi égale à l'unité. Si l'un augmente, l'autre diminue et il suffit d'étudier l'un d'entre eux.

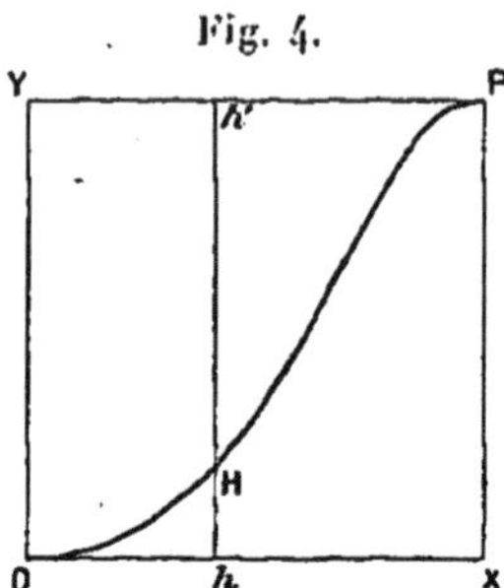

Fig. 4.

En conséquence de cette remarque, l'étude de la guillotine interne sera complètement abandonnée; on se bornera à celle de la guillotine externe.

Expression analytique du rendement. — Soit 2α l'angle PDN (*fig.* 3). La surface découverte du diaphragme est

$$r^2(\alpha - \sin\alpha \cos\alpha);$$

de plus

$$(3) \qquad \cos\omega = \mu + \rho \cos\alpha.$$

On a, ω_0 correspondant au début de l'action,

$$\omega - \omega_0 = \arccos(\mu + \rho\cos\alpha) - \arccos(\mu + \rho).$$

Les déplacements étant de vitesse uniforme, la durée de l'action lumineuse est proportionnelle à

$$(4) \qquad \frac{\omega - \omega_0}{\Omega} = \frac{\arccos(\mu + \rho\cos\alpha) - \arccos(\mu + \rho)}{\arccos(\mu - \rho) - \arccos(\mu + \rho)},$$

et le rendement s'exprime par l'expression

$$(5) \qquad S = \int_0^\pi \frac{r^2(\alpha - \sin\alpha \cos\alpha)}{\pi r^2} \frac{d}{d\alpha} \frac{\arccos(\mu + \rho\cos\alpha) - \arccos(\mu + \rho)}{\arccos(\mu - \rho) - \arccos(\mu + \rho)} \, d\alpha,$$

c'est-à-dire par

$$(5\ bis) \qquad S = \frac{\rho}{\pi\Omega} \int_0^\pi \frac{\alpha - \sin\alpha \cos\alpha}{\sqrt{1 - (\mu + \rho\cos\alpha)^2}} \sin\alpha \, d\alpha.$$

Ce rendement représente la surface de la courbe dont les coordonnées sont

$$(6) \qquad y = \frac{\alpha - \sin\alpha\cos\alpha}{\pi},$$

$$(7) \qquad x = \frac{\omega - \omega_0}{\omega_1 - \omega_0}.$$

L'intégrale peut donc se transformer dans la suivante :

$$S = \int_0^\pi \left[1 - \frac{\arccos(\mu + \rho\cos\alpha) - \arccos(\mu + \rho)}{\Omega} \right] \frac{d}{d\alpha}(\alpha - \sin\alpha\cos\alpha)\frac{d\alpha}{\pi},$$

$$(8) \qquad S = \frac{\omega_1}{\Omega} - \frac{2}{\pi\Omega} \int_0^\pi \arccos(\mu + \rho\cos\alpha)\sin^2\alpha \, d\alpha.$$

Sous cette forme, la transcendante à étudier est unique.

Variations de l'amplitude du mouvement. — Le mouvement des organes étant uniforme, son amplitude peut, en quelque sorte, mesurer la durée de ce mouvement. Cette assimilation est surtout légitime lorsque ρ est constant, c'est-à-dire lorsque la position du pivot est fixe par rapport au diaphragme; car l'influence de la forme de l'évidement sur la vitesse de l'organe est négligeable. Il est donc intéressant d'étudier tout d'abord les variations de cette amplitude avec μ et ρ.

En premier lieu, cette amplitude ne saurait être la même pour un obturateur excentrique et pour un obturateur non excentrique de même pivot, car si, dans l'expression

$$\Omega = \arccos(\mu - \rho) - \arccos(\mu + \rho),$$

μ s'annule, Ω devient égal à $2\arcsin\rho$. De là on tire facilement la valeur de $\cos\Omega$ pour $\mu = 0$. Si on l'égale à $\cos(\omega_1 - \omega_0)$, on est conduit à la condition $4\mu^2\rho^2 = 0$. Mais cela résulte aussi de ce que Ω croît avec μ et ρ.

Soit (*fig.* 5) $OM = \mu$; $MR_0 = MR_1 = \rho$ dans la circonférence de rayon égal à 1. $CA = \omega_m$; $CB_0 = \omega_0$; $CB_1 = \omega_1$; $B_0B_1 = \omega_1 - \omega_0 = \Omega$. Il est évident que, ρ diminuant, Ω décroît. Prouver que B_0B_1 augmente avec μ revient à dire qu'un arc de projection constante $R_0 R_1$ est d'autant plus grand que son origine B est plus près de C. Ce théorème est presque évident. La corde et par suite l'arc $B_0 B_1$ est d'autant

Fig. 5.

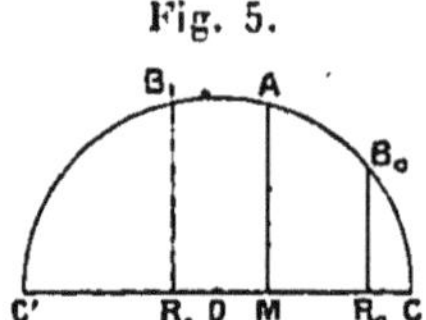

plus grande qu'elle est plus inclinée. Or son inclinaison est mesurée par la différence des arcs $B_1 C'$ et $B_0 C$ dont l'un augmente et l'autre diminue quand $R_0 R_1$ se rapproche de C.

Mais μ et ρ sont limités par la condition $\mu + \rho = 1$, qui signifie que le point B_0 vient en C. Si alors ρ continue à croître aux dépens de μ, de manière que la condition reste satisfaite, le point B_1 s'avance vers C'. Ω croît encore et a pour limite π ($\mu = 0$, $\rho = 1$); le secteur de la guillotine s'est ouvert jusqu'à deux droits. Si au contraire ρ s'annule, μ croissant jusqu'à l'unité, Ω décroît jusqu'à zéro.

Les démonstrations analytiques de ces faits sont aussi simples et sans intérêt spécial.

Tangente à la courbe de rendement. — Les variations du rendement sont peu apparentes sur les intégrales qui en sont l'expression. La formule (5), où l'abscisse de la courbe est en évidence, sera plus facile à utiliser. On est donc conduit à étudier les variations de la courbe de rendement elle-même avec μ et ρ.

Cette courbe se développe entre les points fixes O ($x = 0$, $y = 0$) et P ($x = 1$, $y = 1$) (*fig.* 4). Les tangentes y sont parallèles à l'axe OX. On a en effet

$$\frac{dy}{dx} = \frac{dy}{d\alpha} \frac{d\alpha}{d\omega} \frac{d\omega}{dx},$$

$$(9) \qquad \cos\omega = \mu + \rho \cos\alpha, \qquad \frac{d\alpha}{d\omega} = \frac{\sin\omega}{\rho \sin\alpha},$$

$$(10) \qquad x = \frac{\omega - \omega_0}{\Omega}, \qquad \frac{d\omega}{dx} = \Omega,$$

$$(11) \qquad y = \frac{\alpha - \sin\alpha \cos\alpha}{\pi}, \qquad \frac{dy}{d\alpha} = \frac{2}{\pi} \sin^2\alpha.$$

Il vient donc

$$(12) \qquad C = \frac{dy}{dx} = \frac{2\,\Omega}{\pi\rho}\sin\omega\sin\alpha,$$

quantité nulle pour $\alpha = 0$, $\alpha = \pi$.

Inflexion de la courbe. — La courbe possède forcément une inflexion, ses tangentes étant parallèles à ses extrémités et l'abscisse ainsi que l'ordonnée allant toujours en croissant entre ces deux points. Cette inflexion est unique et correspond à un angle α supérieur à $\frac{\pi}{2}$. On a en effet

$$\frac{d^2 y}{dx^2} = \frac{d}{d\alpha}\left(\frac{2\,\Omega}{\pi\rho}\sin\omega\sin\alpha\right)\frac{d\alpha}{dx},$$

$$= \frac{2\,\Omega}{\pi\rho}\left(\cos\alpha\sin\omega + \sin\alpha\cos\omega\,\frac{d\omega}{d\alpha}\right)\frac{d\alpha}{dx}.$$

Tenant compte des relations (9) et (10),

$$(13) \qquad \frac{d\alpha}{dx} = \frac{\Omega\sin\omega}{\rho\sin\alpha},$$

$$\frac{d^2 y}{dx^2} = \frac{2\,\Omega^2}{\pi\rho^2}\frac{\cos\alpha\sin^2\omega + \rho\sin^2\alpha\cos\omega}{\sin\alpha},$$

et toutes réductions faites,

$$\frac{d^2 y}{dx^2} = -\frac{2\,\Omega^2}{\pi\rho^2\sin\alpha}\left[2\rho^2\cos^3\alpha + 3\mu\rho\cos^2\alpha - (1 + \rho^2 - \mu^2)\cos\alpha - \mu\rho\right],$$

$\cos\alpha$ étant considéré comme inconnue, la règle des signes de Descartes montre que le polynôme entre parenthèses ne peut avoir plus d'une racine positive et par suite plus de deux racines négatives; la substitution de $+1$, zéro, -1, donne pour résultats

$$(\mu + \rho)^2 - 1 < 0, \qquad -\mu\rho < 0, \qquad 1 - (\mu - \rho)^2 > 0,$$

ce qui démontre le théorème, puisqu'il y a une racine et une seule entre zéro et -1.

Variations de l'abscisse avec μ. — Partant des relations (13) ci-dessus et $\mu + \rho\cos\alpha = \cos\omega$, d'où $\frac{d\omega}{d\mu} = -\frac{1}{\sin\omega}$, on trouve

$$\frac{d^2 x}{d\alpha\, d\mu} = -\frac{\rho \sin \alpha}{\Omega^2 \sin^2 \omega}\left[\sin \omega \left(\frac{1}{\sin \omega_0} - \frac{1}{\sin \omega_1}\right) - \Omega \frac{\cos \omega}{\sin \omega}\right]$$

$$= \frac{\rho \sin \alpha}{K \Omega \sin^3 \omega}\left(\cos^2 \omega + K \cos \omega - 1\right),$$

où K désigne la quantité, variable avec ρ, mais toujours positive,

$$\frac{\Omega}{\dfrac{1}{\sin \omega_0} - \dfrac{1}{\sin \omega_1}}.$$

Le trinôme en $\cos \omega$ a toujours ses racines réelles, l'une positive, l'autre négative, inférieure à -1 et par suite inadmissible. x étant constant pour $\alpha = 0$, $\alpha = \pi$, $\dfrac{dx}{d\mu}$ varie de zéro à zéro quand α varie entre ces limites et passe forcément par un maximum. Il résulte de là que la deuxième racine est forcément admissible et que, le trinôme étant positif pour les valeurs de $\cos \omega$ supérieures à la racine, $\dfrac{dx}{d\mu}$ est d'abord croissant et positif, passe par un maximum, puis diminue sans pouvoir s'annuler avant $\alpha = \pi$; x croît donc toujours avec μ et la surface de la courbe ainsi que le rendement décroît.

Accessoirement, on voit facilement que ce maximum a toujours lieu pour une valeur de α inférieure à $\dfrac{\pi}{2}$ et, par suite, de y inférieure à $\frac{1}{2}$. En effet,

$$K = \frac{\omega_1 - \omega_0}{\sin \omega_1 - \sin \omega_0}\, \sin \omega_0 \sin \omega_1$$

décroît avec ρ, la fraction et le produit décroissant l'un et l'autre [1]. Pour $\rho = 0$, $\omega_0 = \omega_1 = \omega_m$, si l'on pose $\mu = \cos \omega_m$, et K a pour valeur $\dfrac{\sin^2 \omega_m}{\cos \omega_m}$.

---

[1] Le premier point sera démontré ultérieurement (p. 29, note). Le second s'établit facilement par dérivation ; en tenant compte des relations (1) et (2), on arrive à l'expression $\dfrac{\sin \omega_0}{\tan g\, \omega_1} - \dfrac{\sin \omega_1}{\tan g\, \omega_0}$. Si $\tan g\, \omega_1$ n'est pas négatif, $\sin \omega_0 \tan g\, \omega_0 < \sin \omega_1 \tan g\, \omega_1$, car

$$\omega_0 < \omega_1 < \frac{\pi}{2}.$$

Pour $x = \dfrac{\pi}{2}$, la parenthèse devient donc

$$\cos^2 \omega_m + \sin^2 \omega_m - 1 = 0;$$

pour $\rho > 0$, elle serait négative.

Variations de l'abscisse avec ρ. — Soit d'abord $x = \dfrac{\pi}{2}$,

$\cos \omega_m = \mu$, $x_m = \dfrac{\omega_m - \omega_0}{\omega_1 - \omega_0}$, $\dfrac{d\omega_m}{d\rho} = 0$. Les relations (1) et (2) donnent

$$\frac{d\omega_0}{d\rho} = -\frac{1}{\sin \omega_0}, \qquad \frac{d\omega_1}{d\rho} = \frac{1}{\sin \omega_1}.$$

Le numérateur de la dérivée de x_m, par rapport à ρ, est

$$\frac{\omega_1 - \omega_m}{\sin \omega_0} - \frac{\omega_m - \omega_0}{\sin \omega_1}.$$

Ces fractions, réduites au dénominateur commun $\sin \omega_0 \sin \omega_1$, toujours positif puisque ω_0 et ω_1 sont inférieurs à π, donnent au numérateur

$$\omega_0 \sin \omega_0 + \omega_1 \sin \omega_1 - \omega_m (\sin \omega_0 + \sin \omega_1),$$

soit

$$(\omega_0 \sin \omega_0 + \omega_1 \sin \omega_1) \left(1 - \omega_m \frac{\sin \omega_0 + \sin \omega_1}{\omega_0 \sin \omega_0 + \omega_1 \sin \omega_1} \right).$$

Pour $\rho = 0$, $\omega_0 = \omega_1 = \omega_m$, la deuxième parenthèse est nulle. Je dis que ρ croissant, elle devient positive. En effet, la dérivée par rapport à ρ de son second terme a pour numérateur, en négligeant ω_m,

$$\left(\frac{\cos \omega_1}{\sin \omega_1} - \frac{\cos \omega_0}{\sin \omega_0} \right) (\omega_0 \sin \omega_0 + \omega_1 \sin \omega_1)$$
$$- (\sin \omega_0 + \sin \omega_1) \left(\frac{\omega_1 \cos \omega_1}{\sin \omega_1} - \frac{\omega_0 \cos \omega_0}{\sin \omega_0} \right),$$

soit

$$- \Omega \left(\frac{\sin \omega_0}{\tang \omega_1} + \frac{\sin \omega_1}{\tang \omega_0} \right).$$

Dans cette dernière expression la parenthèse est toujours positive, car si $\tang \omega_1$ est négatif, en valeur absolue,

$$\sin \omega_0 \, \tang \omega_0 < \sin \omega_1 \, \tang \omega_1,$$

puisque $\omega_0 < \pi - \omega_1$.

La dérivée de x_m est donc positive, et l'abscisse correspondant à $\alpha = \frac{\pi}{2}$ croît avec ρ.

Soit maintenant $\alpha < \frac{\pi}{2}$. La fraction $\frac{\omega_m - \omega}{\omega_m - \omega_0}$ varie en sens inverse de $\frac{\omega - \omega_0}{\omega_m - \omega_0}$, puisque leur somme est égale à 1.

Or

$$x = \frac{\omega - \omega_0}{\omega_m - \omega_0} \times \frac{\omega_m - \omega_0}{\omega_1 - \omega_0}.$$

Le deuxième facteur de cette expression représente x_m et croît avec ρ, comme on vient de le démontrer. Si donc on établit que $\frac{\omega_m - \omega}{\omega_m - \omega_0}$ décroît quand ρ augmente, il sera prouvé que x et ρ varient dans le même sens. Or la dérivée de cette quantité, par rapport à ρ, a pour numérateur

$$\frac{\omega_m - \omega_0}{\sin \omega} \cos \alpha - \frac{\omega_m - \omega}{\sin \omega_1},$$

car, d'après (3),

$$\frac{d\omega}{d\rho} = - \frac{\cos \alpha}{\sin \omega};$$

c'est-à-dire, au facteur positif $\frac{1}{\sin \omega_0 \sin \omega}$ près,

$$(\omega_m - \omega_0) \sin \omega_0 \cos \alpha - (\omega_m - \omega) \sin \omega.$$

De $\cos \omega = \mu + \rho \cos \alpha$ on tire

$$\cos \alpha = \frac{\cos \omega - \mu}{\rho} = \frac{\cos \omega - \cos \omega_m}{\cos \omega_0 - \cos \omega_m},$$

et, en substituant, le numérateur de la dérivée devient

$$(14) \quad (\cos \omega - \cos \omega_m) \left(\frac{\omega_m - \omega_0}{\cos \omega_0 - \cos \omega_m} \sin \omega_0 - \frac{\omega_m - \omega}{\cos \omega - \cos \omega_m} \sin \omega \right).$$

Je cherche maintenant comment varie la quantité, toujours positive, $\frac{\omega_i - \omega}{\cos \omega - \cos \omega_i} \sin \omega$, où $\frac{\pi}{2} > \omega_i > \omega$, ω_i étant fixe et ω variable.

La dérivée, par rapport à ω, de ce produit est

$$(15) \quad \frac{\sin\omega}{\cos\omega_i - \cos\omega} + \cos\omega \frac{\omega - \omega_i}{\cos\omega_i - \cos\omega} - \frac{\omega - \omega_i}{(\cos\omega_i - \cos\omega)^2} \sin^2\omega$$

$$= \frac{\sin\omega}{\cos\omega_i - \cos\omega} \left(1 - \frac{\omega - \omega_i}{\sin\omega} \frac{1 - \cos\omega \cos\omega_i}{\cos\omega_i - \cos\omega} \right).$$

Pour $\omega = \omega_i$, $\dfrac{\omega - \omega_i}{\cos\omega_i - \cos\omega}$ tend vers $\dfrac{1}{\sin\omega_i}$. Cette quantité croît quand ω décroît, comme le prouve la considération de sa dérivée. De même, pour $\omega = \omega_i$, $\dfrac{1 - \cos\omega \cos\omega_i}{\sin\omega}$ devient $\sin\omega_i$ et, quand ω décroît, cette fraction est croissante, car sa dérivée $\dfrac{\cos\omega_i - \cos\omega}{\sin^2\omega}$ est négative. Le produit, égal à l'unité pour $\omega = \omega_i$, est donc plus grand que 1 pour les valeurs de ω inférieures à ω_i, et la dérivée (15), produit de deux facteurs négatifs, est positive tant que $\dfrac{\pi}{2} > \omega_i > \omega$.

Mais alors, à son tour, la quantité (14) est négative, autrement dit $\dfrac{\omega_m - \omega}{\omega_m - \omega_0}$ est décroissant, comme on l'avait annoncé.

Pour achever d'établir les variations de x avec ρ quand α est supérieur à $\dfrac{\pi}{2}$, je cherche comment varie $\dfrac{dx}{d\rho}$ avec α.

De la relation (13), écrite

$$\frac{dx}{d\alpha} = \frac{\rho \sin\alpha}{\Omega \sin\omega},$$

on tire

$$\frac{d^2x}{d\alpha\, d\rho} = - \frac{\sin\alpha}{\left(\dfrac{\Omega \sin\omega}{\rho} \right)^2} \frac{d}{d\rho} \frac{\Omega \sin\omega}{\rho},$$

$$\frac{d}{d\rho} \frac{\Omega \sin\omega}{\rho} = - \frac{\Omega}{\rho} \frac{\cos\omega \cos\alpha}{\sin\omega} + \frac{\sin\omega}{\rho} \left(\frac{1}{\sin\omega_0} + \frac{1}{\sin\omega_1} - \frac{\Omega}{\rho_i} \right),$$

et, comme $\cos\alpha = \dfrac{\cos\omega - \mu}{\rho}$,

$$\frac{d^2x}{d\alpha\, d\rho} = \frac{\sin\alpha}{\Omega^2 \sin^3\omega} \left[\Omega(1 - \mu \cos\omega) - \rho \left(\frac{1}{\sin\omega_0} + \frac{1}{\sin\omega_1} \right) \sin^2\omega \right],$$

posant $\dfrac{\Omega}{\rho \left(\dfrac{1}{\sin\omega_0} + \dfrac{1}{\sin\omega_1} \right)} = \mathrm{H}$,

$$\frac{d^2x}{d\alpha\, d\rho} = \frac{\sin\alpha}{\mathrm{H}\Omega \sin^3\omega} \left[\cos^2\omega - \mu\mathrm{H} \cos\omega - (1 - \mathrm{H}) \right].$$

H est une quantité inférieure à l'unité; autrement dit,

$$\operatorname{arc cos}(\mu - \rho) - \operatorname{arc cos}(\mu + \rho) < \frac{\rho}{\sqrt{1-(\mu+\rho)^2}} + \frac{\rho}{\sqrt{1-(\mu-\rho)^2}}.$$

En effet, le premier membre s'annulant pour $\rho = 0$, si on l'appelle $\varphi(\rho)$ et si θ est un nombre positif inférieur à l'unité, on peut l'écrire

$$\varphi(\rho) = \rho \varphi'(\theta\rho),$$

suivant la formule d'Ossian Bonnet, c'est-à-dire

$$\varphi(\rho) = \frac{\rho}{\sqrt{1-(\mu-\theta\rho)^2}} + \frac{\rho}{\sqrt{1-(\mu+\theta\rho)^2}}.$$

Il suffit alors d'établir que cette quantité croît lorsque θ augmente, jusqu'à devenir égal à 1, c'est-à-dire lorsque la variable z croît dans la somme

$$\frac{1}{\sqrt{1-(\mu-z)^2}} + \frac{1}{\sqrt{1-(\mu+z)^2}}.$$

Or, développant en série chacune de ces fractions et groupant les termes de même puissance, on obtiendra un terme général, dont la partie variable

$$(\mu+z)^{2n} + (\mu-z)^{2n},$$

développée elle-même, ne contient que des termes positifs et croît par suite avec la variable.

Le trinôme du deuxième degré en $\cos\omega$ a donc toujours ses racines réelles, l'une négative, évidemment inadmissible si $\omega_1 < \frac{\pi}{2}$, puisque alors $\cos\omega$ ne peut jamais devenir négatif, l'autre positive, toujours admissible. En effet, $\frac{dx}{d\rho}$, constamment nul pour $\alpha = 0$, puisque alors $x = 0$, est positif pour $\alpha < \frac{\pi}{2}$, comme on l'a démontré, et, par suite, croissant pour les valeurs de α voisines de zéro. Dès lors $\frac{d^2x}{d\alpha\,d\rho}$ est positif pour $\alpha = 0$, c'est-à-dire pour la plus grande valeur de la variable $\cos\omega$. Cette racine est d'ailleurs supérieure à μ. Cette quantité sépare en effet les racines, car on a

$$\mu^2 - \mu^2 H - (1 - H) = -(1 - H)(1 - \mu^2) < 0.$$

Il résulte de là que, si $\omega_1 < \dfrac{\pi}{2}$, c'est-à-dire $\mu > \rho$, $\dfrac{dx}{d\rho}$, qui varie de zéro à zéro quand α varie de zéro à π, reste constamment positif puisqu'il passe par un seul maximum, qui a lieu pour une valeur de α inférieure à $\dfrac{\pi}{2}$.

Le rendement diminue donc quand ρ augmente, si $\mu > \rho$.

Si $\mu < \rho$, la racine négative du trinôme sera admissible si

$$(\mu - \rho)^2 - \mu H(\mu - \rho) - (1 - H) > 0,$$

$$H(1 - \cos\omega_1 \cos\omega_m) > \sin^2\omega_1,$$

$$\frac{\Omega}{\rho} > \frac{\sin\omega_1}{\sin\omega_0} \frac{\sin\omega_0 + \sin\omega_1}{1 - \cos\omega_m \cos\omega_1}.$$

Or cette condition est évidemment réalisable. Car, si μ tend vers zéro et ρ vers 1, le deuxième membre de l'inégalité tend vers zéro, tandis que le premier reste supérieur à 1.

Cette condition étant satisfaite, $\dfrac{dx}{d\rho}$, après avoir passé par un maximum, passe par un minimum et redevient croissant

Fig. 6.

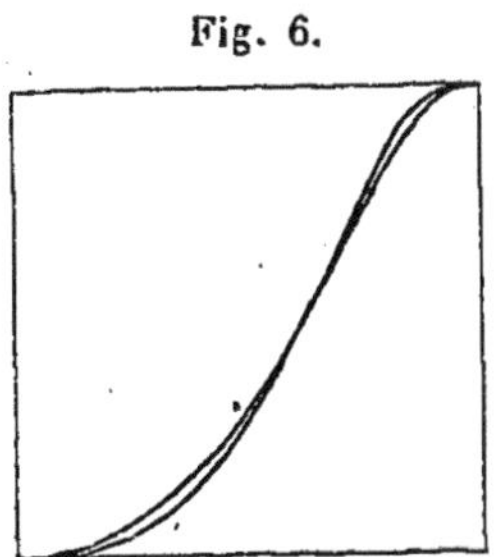

pour s'annuler lorsque $\alpha = \pi$. Cette dérivée était donc négative pour le minimum et comme elle était positive pour $\alpha = \dfrac{\pi}{2}$, elle s'est annulée pour une valeur de α supérieure à $\dfrac{\pi}{2}$. La courbe $(\rho + d\rho)$ a donc coupé la courbe ρ (*fig.* 6) et l'on ne voit pas immédiatement que l'accroissement négatif de la surface soit supérieur à l'accroissement positif.

C'est ce qu'on va démontrer, en calculant la somme des accroissements de x pour deux valeurs de α dont la somme égale π.

En désignant par ω' la valeur de ω pour $\pi - \alpha$, définie par la relation $\cos\omega' = \mu - \rho \cos\alpha \left(\alpha < \frac{\pi}{2}\right)$, et en observant que $d\alpha$ change de signe pour ω', on aura

$$\frac{d}{d\alpha}\left(\frac{dx}{d\rho} + \frac{dx'}{d\rho}\right) = \frac{\sin\alpha}{\Omega H}\left[\frac{\cos^2\omega - \mu H \cos\omega - (1 - H)}{\sin^3\omega} - \frac{\cos^2\omega' - \mu H \cos\omega' - (1 - H)}{\sin^3\omega'}\right].$$

Or, α variant de zéro à $\frac{\pi}{2}$, cette quantité reste constamment positive. On a, en effet,

$$\cos^2\omega - \mu H \cos\omega - (1 - H) - \left[\cos^2\omega' - \mu H \cos\omega' - (1 - H)\right]$$
$$= (\cos\omega - \cos\omega')(\cos\omega + \cos\omega' - \mu H) = 2\mu\rho \cos\alpha\,(2 - H) > 0;$$

de plus $\sin\omega < \sin\omega'$. La première fraction est donc plus grande que la deuxième et l'on voit que la somme des accroissements de x, nulle pour $\alpha = 0$, va en croissant et, par suite, reste positive.

Le rendement diminue donc lorsque ρ augmente, quels que soient μ et ρ (¹).

Limite inférieure du rendement. — Quelle que soit la valeur du rendement, il résulte de ce qui précède que, si μ augmente, le rendement diminue. μ ayant atteint sa plus grande valeur $1 - \rho$, si l'on fait alors varier simultanément μ et ρ de telle sorte que μ augmente encore, la relation $\mu + \rho = 1$ subsistant toujours, le rendement continue à di-

---

(¹) Outre cette conséquence, il en est une qui ne manque pas d'intérêt pratique. Si $\rho > \mu$, cas ordinaire de la pratique, l'accroissement de ρ ne correspond à une diminution de la pose qu'au début de l'action. Au contraire, près de l'ouverture complète, elle augmente. Cette condition favorise doublement la netteté de l'image, en concentrant l'action lumineuse et en diminuant la durée de l'action efficace, toujours inférieure à l'action totale. Ce sont les conséquences ordinaires du redressement de la courbe

minuer. Si, en effet, $\mu + \rho = 1$,

$$\omega_0 = \operatorname{arc\,cos}(\mu + \rho) = 0, \qquad x = \frac{\omega}{\omega_1},$$

$$\cos\omega_1 = 2\mu - 1, \qquad \frac{d\omega_1}{d\mu} = -\frac{2}{\sin\omega_1}.$$

$$\cos\omega = \mu + \rho\cos\alpha, \qquad \frac{d\omega}{d\mu} = -\frac{1 - \cos\alpha}{\sin\omega},$$

et, comme

$$\cos\alpha = \frac{\cos\omega - \mu}{\rho}, \qquad 1 - \cos\alpha = 2\,\frac{1 - \cos\omega}{1 - \cos\omega_1},$$

$$\frac{dx}{d\mu} = \frac{1}{\omega_1^2}\left(-2\,\frac{\omega_1}{\sin\omega}\,\frac{1 - \cos\omega}{1 - \cos\omega_1} + \frac{2\omega}{\sin\omega_1}\right)$$

$$= \frac{2(1 - \cos\omega)}{\omega_1^2 \sin\omega \sin\omega_1}\left(\frac{\omega \sin\omega}{1 - \cos\omega} - \frac{\omega_1 \sin\omega_1}{1 - \cos\omega_1}\right)$$

$$= \frac{2\tan\frac{\omega}{2}}{\omega_1^2 \sin\omega_1}\left(\frac{\frac{\omega}{2}}{\tan\frac{\omega}{2}} - \frac{\frac{\omega_1}{2}}{\tan\frac{\omega_1}{2}}\right),$$

$\frac{\omega_1}{2}$ étant inférieur à $\frac{\pi}{2}$, *a fortiori* $\frac{\omega}{2}$ l'est-il. $\frac{dx}{d\mu}$ est donc positif et l'abscisse de la courbe croît constamment avec μ jusqu'à $\mu = 1$, $\rho = 0$. Cette limite définit ainsi une courbe limite correspondant à la plus petite valeur possible du rendement.

On peut obtenir l'équation de cette courbe limite de la manière suivante. μ étant infiniment voisin de 1, $\rho = 1 - \mu$ est infiniment petit, ainsi que l'angle ω_1, dont le cosinus $\mu - \rho = 1 - 2\rho$. On a donc, en confondant cet arc avec son sinus,

$$\omega_1^2 + (1 - 2\rho)^2 = 1.$$

On voit par là que ρ est un infiniment petit d'un ordre supérieur à ω_1 et, en négligeant son carré, on obtient

$$\omega_1 = \sqrt{4\rho}.$$

On démontrerait de même que l'angle infiniment petit ω, dont le cosinus est $\mu + \rho\cos\alpha = 1 - \rho(1 - \cos\alpha)$, est égal à $\sqrt{2\rho(1 - \cos\alpha)}$, de telle sorte que

$$(16) \qquad x = \frac{\omega}{\omega_1} = \sqrt{\frac{2\rho(1 - \cos\alpha)}{4\rho}} = \sin\frac{\alpha}{2}.$$

2 .

Cette valeur de l'abscisse permet de calculer le rendement limite. On a, en effet,

$$(17) \qquad dx = \frac{1}{2}\cos\frac{\alpha}{2}\,d\alpha.$$

$$S = \int_0^\pi \frac{\alpha - \sin\alpha\cos\alpha}{2\pi}\cos\frac{\alpha}{2}\,d\alpha$$

$$= \frac{1}{2\pi}\left[2\alpha\sin\frac{\alpha}{2}\right]_0^\pi$$

$$+ \frac{1}{2\pi}\left[4\cos\frac{\alpha}{2}\right]_0^\pi - \frac{1}{8\pi}\int_0^\pi\left(\sin\frac{5}{2}\alpha + \sin\frac{3}{2}\alpha\right)d\alpha$$

$$= 1 - \frac{2}{\pi} + \frac{1}{8\pi}\left[\frac{2}{5}\cos\frac{5}{2}\alpha + \frac{2}{3}\cos\frac{3}{2}\alpha\right]_0^\pi$$

$$= 1 - \frac{2}{\pi} + \frac{2}{15\pi} = 1 - \frac{32}{15\pi} = 0,32093.$$

Limite supérieure du rendement. — Si l'on fait directement $\rho = 0$ dans la valeur générale

$$x = \frac{\arccos(\mu + \rho\cos\alpha) - \arccos(\mu + \rho)}{\arccos(\mu - \rho) - \arccos(\mu + \rho)},$$

on obtient une indétermination apparente facile à lever par la règle de l'Hopital.

On trouve pour l'abscisse une valeur indépendante de μ,

$$x = \frac{1 - \cos\alpha}{2} = \sin^2\frac{\alpha}{2}.$$

On voit que cette abscisse diffère de celle trouvée précédemment pour la courbe de rendement limite et qu'elle est plus petite. En effet, la courbe de rendement est ici symétrique par rapport au centre du rectangle circonscrit, puisque, pour des valeurs supplémentaires de α, la somme des abscisses, comme celle des ordonnées, est égale à l'unité.

C'est aussi ce qui a lieu pour $\mu = 0$, c'est-à-dire pour les guillotines non excentriques, et dans les deux cas le rendement est $\frac{1}{2}$, comme il est facile de le vérifier par un calcul simple. Il atteint alors sa plus grande valeur, puisqu'on sait que, pour une valeur quelconque de ρ, le rendement ne peut qu'augmenter si μ diminue jusqu'à sa limite inférieure zéro.

Variation de la valeur du rendement pour $\rho = 0$. — Il semble donc qu'il y ait contradiction entre ces résultats, la valeur du rendement ne pouvant être constamment $\frac{1}{2}$ pour $\rho = 0$, μ quelconque et $1 - \frac{32}{15\pi}$ pour $\rho = 0$, $\mu = 1$. Mais on doit remarquer que, tant que le rayon de la circonférence excentrique est fini, si ρ tend vers zéro, c'est-à-dire si le pivot s'éloigne indéfiniment, les côtés de la guillotine sont, à l'ouverture complète, parallèles à la ligne de symétrie et, dans leur mouvement, ils se déplacent parallèlement à eux-mêmes. C'est le cas des guillotines ordinaires à mouvement rectiligne uniforme, où le rendement ne saurait différer de $\frac{1}{2}$.

Lorsque le rayon de la circonférence croît indéfiniment, la guillotine devient un secteur dont l'angle variable dépend du rapport fini des deux longueurs infinies. Mais le mouvement de ce secteur, rotation infiniment petite autour d'un centre rejeté à l'infini, est une translation finie, les côtés restant parallèles à eux-mêmes de manière à toucher la circonférence aux deux extrémités d'un même diamètre, et le sommet se déplaçant perpendiculairement à la ligne de symétrie. Ici encore le rendement est $\frac{1}{2}$, chaque côté du secteur agissant comme l'un des bords d'une guillotine à côtés parallèles, animée d'un mouvement rectiligne uniforme.

Si, enfin, la circonférence excentrique se trouve à distance finie du diaphragme, tout en restant infinie, les côtés de la guillotine deviennent perpendiculaires à la ligne de symétrie et leur déplacement n'est encore qu'une translation parallèle à cette direction. Mais leur mouvement n'est plus uniforme. On sait, en effet, qu'une rotation infiniment petite d'une tangente l'éloigne de son point de contact primitif, d'une quantité infiniment petite du second ordre, mais non proportionnelle à la longueur de l'arc décrit. La loi du mouvement dépend donc de l'amplitude de cet arc, c'est-à-dire de la distance finie qui sépare le diaphragme de la ligne droite représentant la circonférence excentrique.

Analytiquement, on doit remarquer que la règle de l'Hôpital ne s'applique à la vraie valeur de x, pour $\rho = 0$, qu'autant que μ diffère de 1. Si μ diffère de 1 d'une quantité infiniment petite ε, en portant cette valeur dans l'expression de x, où l'on suppose ρ infiniment petit, un calcul simple prouve que la valeur limite de x dépend du rapport $\frac{\rho}{\varepsilon} = \frac{\rho}{1-\mu} = \frac{r}{d-a}$ ([1]). Ce rapport peut varier de zéro à 1. Tant qu'il diffère de zéro, la distance $d - a$ est finie et le rendement varie. Mais, s'il tend vers zéro, $d - a$ devient infini, et le rendement égale $\frac{1}{2}$. Ce sont les mêmes conclusions que précédemment.

Remarques diverses. — Pour les mêmes données, distance du pivot et excentricité, la somme des rendements des guillotines internes et externes est égale à 1. Le rendement des premières varie donc de $\frac{1}{2}$ à $\frac{32}{15\pi} = 0,67907$. De ce qui précède, il résulte que, le pivot étant fixé, la guillotine, dont le rendement a la plus grande valeur, correspond à $\mu + \rho = 1$ et a pour profil une simple ligne droite tangente au diaphragme et perpendiculaire à la ligne de symétrie, lors de l'ouverture complète (*fig.* 7). Le pivot s'éloignant du diaphragme jus-

Fig. 7.

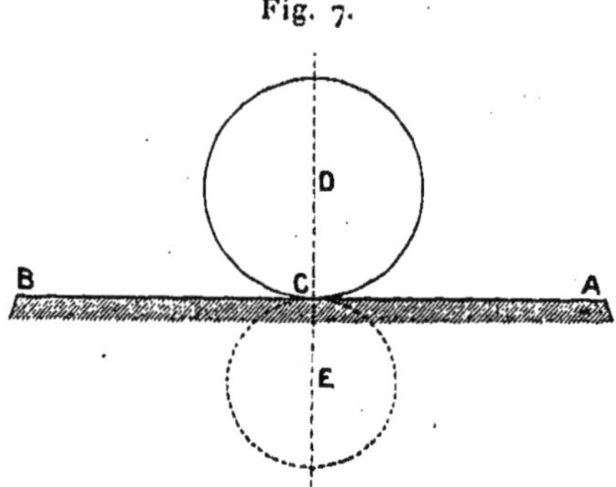

qu'à l'infini, le rendement varie dans les limites ci-dessus. La courbe de la *fig.* 8 donne la valeur du rendement en fonction de ρ. L'intégrale (8), où l'on fait $\mu + \rho = 1$, $\omega_1 = \Omega$, permet de voir que, pour $\rho = 1$, $\frac{dS}{d\rho} = \infty$. La formule (16) montre que $\frac{dS}{d\rho} = 0$, pour $\rho = 0$, ce qui détermine les tangentes aux extrémités de la courbe.

([1]) Ce calcul est semblable à celui qui est développé ultérieurement p. 38 et suivantes.

La guillotine en question a aussi la plus grande amplitude
de mouvement, tandis que celle dont l'excentricité est nulle
a la plus petite amplitude. On voit facilement que le rapport
de la seconde de ces quantités à la première est exprimé par
la fraction $\dfrac{\text{arc sin}\,\rho}{\text{arc sin}\sqrt{\rho}}$ qui croît de zéro à 1 avec ρ, comme on
s'en assure en développant les termes en série. La deuxième
courbe de la *fig.* 8 donne la valeur du rapport. On dé-

Fig. 8.

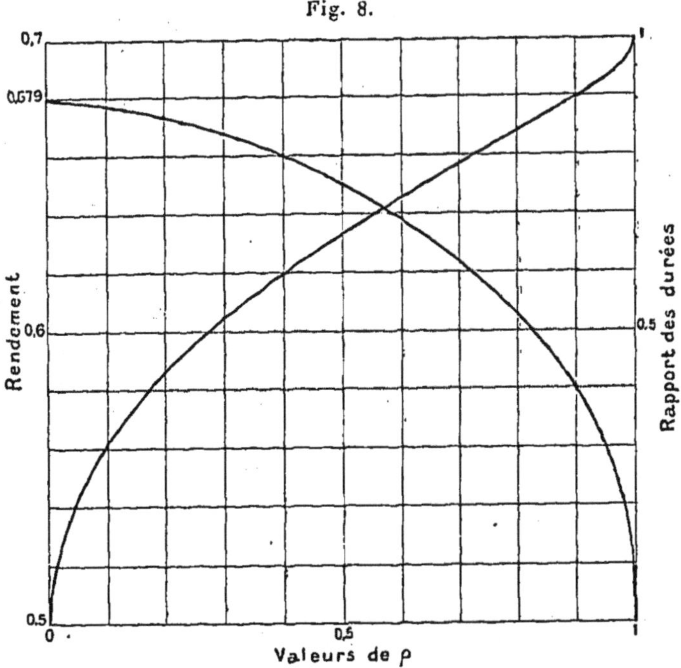

montre sans peine que les tangentes à ses extrémités sont
les ordonnées elles-mêmes.

Parmi les guillotines asymétriques dont l'étude a été
négligée, il en est qui présentent quelque intérêt au point de
vue de la théorie des obturateurs qui suivent. Ce sont celles
dont les côtés sont, à l'ouverture complète, des tangentes
communes d'espèce différente au diaphragme et à la circonférence excentrique. Chaque côté agissant indépendamment,
il est évident que la courbe de rendement se compose des
moitiés réunies des courbes de rendement des guillotines

internes et externes, où l'amplitude est la même. Le rendement est donc toujours égal à $\frac{1}{2}$ dans ces nouvelles guillotines, qui seront dites *mixtes*.

OBTURATEURS CENTRAUX.

Par définition, l'obturateur central s'ouvre au centre du diaphragme. Si, en outre, les arêtes obturantes sont rectilignes, il s'ouvre suivant un diamètre. Au début (*fig.* 9), deux lames obturantes recouvrent donc chacune un demi-cercle, et les circonférences excentriques sont tangentes au même diamètre, soit du même côté, soit de part et d'autre. Les pivots et les excentricités ne sont astreints à aucune relation mutuelle. Mais, s'il y a symétrie par rapport au diamètre d'ouverture du diaphragme, les obturateurs seront dits *symétriques*.

Comme pour les guillotines, on se bornera à l'étude des obturateurs symétriques en raison du peu d'intérêt de ceux qui ne le sont pas.

L'obturateur central peut être considéré comme la superposition de deux guillotines qui restent symétriques par rapport à un diamètre du diaphragme, l'une des arêtes du secteur évidé passant, au début de l'action, par le centre du diaphragme.

Avec les mêmes données, on peut concevoir quatre obturateurs centraux différents.

Chaque guillotine peut, en effet, agir en *vanne,* c'est-à-dire rétrograder une fois l'ouverture produite. Mais, en outre, on peut attribuer à chacune d'elles indifféremment l'une ou l'autre des moitiés du diaphragme sur laquelle s'effectuera son action. De là, un premier groupe d'obturateurs, qui seront dits *externe* ou *interne,* suivant qu'à l'ouverture l'arête obturante est une tangente commune externe ou interne au diaphragme et à la circonférence excentrique (*fig.* 9). Dans un deuxième groupe, les guillotines agissent, au contraire, toujours dans le même sens (*fig.* 10). Dans le premier groupe d'obturateurs, la deuxième arête de la guillotine n'intervient pas. L'écran est donc réduit à une lame à un seul bord. Il n'en est pas ainsi dans les obturateurs du deuxième groupe qui se composent forcément de deux secteurs et sont

donc bien, en réalité, la superposition de deux guillotines.
Mais, quel que soit le genre de l'obturateur, chacun des deux
écrans n'agit plus comme s'il était isolé. Cette action est
réduite à la phase comprise entre la demi-ouverture et l'ou-

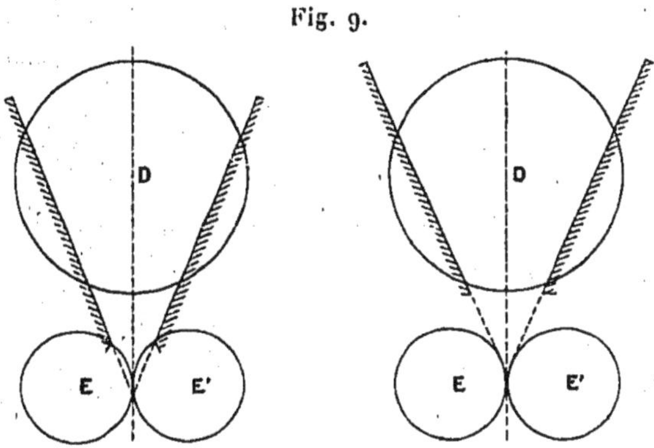

Fig. 9.

verture complète (ou inversement), qu'on peut appeler la
phase médiane de leur action. Il en résulte que, tandis que
pour les obturateurs du premier genre les phases d'ouverture et de fermeture sont identiques, l'action correspondant

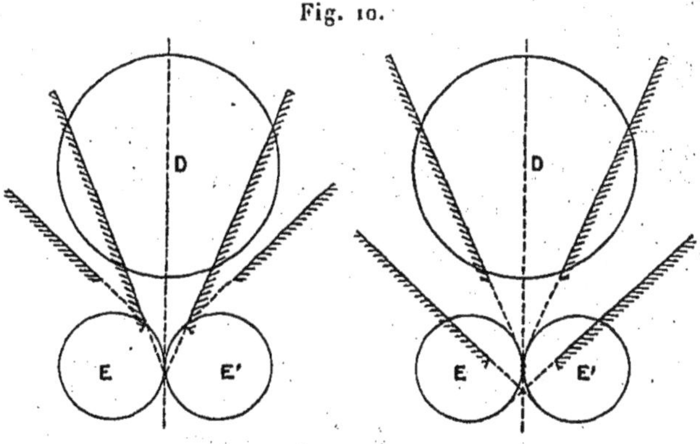

Fig. 10.

au mouvement d'une arête entre sa position diamétrale et
une position de double contact, pour le deuxième genre
d'obturateurs, ces phases sont différentes.

En effet, le secteur continuant son mouvement dans le

même sens après l'ouverture complète, l'arête de fermeture
vient coïncider à la fin de son mouvement avec la position
initiale de l'arête d'ouverture suivant la ligne de symétrie.
Les positions de contact des arêtes d'ouverture et de fermeture, lors de l'ouverture complète, sont donc celles qu'une
même tangente à la circonférence excentrique vient succes-
sivement occuper par la rotation. Elles sont donc d'espèce
différente, et la guillotine qui encadre le diaphragme à l'ouverture, se composant de tangentes d'espèces différentes, est
de celles qui ont été appelées mixtes précédemment. Les
phases d'ouverture et de fermeture sont donc les phases médianes différentes, relatives aux deux arêtes de cette guillotine
mixte; ce sont aussi les phases réunies des deux obturateurs
centraux externe et interne. Pour ces motifs, l'obturateur
sera *mixte*. Il en existe du reste deux espèces, suivant le
sens dans lequel s'ouvre l'obturateur et l'ordre où se suc-
cèdent les phases.

Les rapports des différents obturateurs centraux, correspondant aux mêmes données μ, ρ, seront faciles à comprendre
si l'on figure la courbe de rendement de la guillotine ayant
u et ρ pour caractéristiques. Soit OMP cette courbe (*fig.* 11).

Fig. 11.

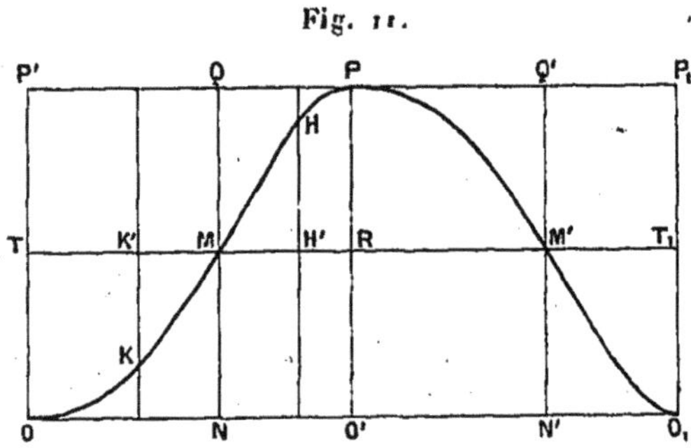

On sait que, si M, point de la courbe qui correspond à l'ordonnée $\frac{1}{2}$, est plus rapproché de O'P que de OP', OMPO' est la
surface de rendement de la guillotine externe, tandis que
PMOP' représente celle de la guillotine interne, P étant alors
l'origine des coordonnées. Les phases médianes correspondantes sont respectivement NMPO' et QMOP'. Soit Y_G la surface découverte par la guillotine constituante pour un certain

déplacement à partir de la demi-ouverture, la surface du diaphragme étant prise pour unité. La surface découverte pour l'obturateur vanne sera $Y_C = 2(Y_G - \frac{1}{2})$, c'est-à-dire pour l'obturateur externe $2HH'$ et pour l'obturateur interne $2KK'$. Les durées correspondantes sont en même temps $\frac{MH'}{2MR}$, $\frac{MR'}{2MT}$. La courbe de rendement des obturateurs centraux vanne s'obtiendra donc en amplifiant les abscisses dans un rapport convenable, et en doublant les ordonnées HH' et KK'. Autrement dit, les courbes des rectangles $MRPQ$, $MTON$, où les bases sont les demi-durées et les hauteurs les surfaces des diaphragmes, sont les courbes de rendement de ces obturateurs.

Pour les obturateurs centraux mixtes, la courbe de rendement de la guillotine constituante n'est pas symétrique. On l'obtient en accolant à la courbe OMP cette même courbe retournée en $PM'O_1$. Par les mêmes raisonnements, on voit que la courbe MPM', considérée dans le rectangle $QMQ'M'$, est la courbe de rendement, la déformation des échelles des durées et des surfaces étant la même ici et ayant $\frac{1}{2}$ pour valeur, puisque $MM' = \frac{OO'}{2}$ comme $MQ = \frac{NQ}{2}$. Enfin, suivant que l'obturateur s'ouvre du côté externe ou interne, l'origine change simplement de côté passant de M en M'.

OBTURATEUR CENTRAL (VANNE) EXTERNE.

L'arête obturante devenant tangente commune interne, μ et ρ sont astreints à la condition $\mu + \rho < 1$. Il n'en est plus ainsi dans le cas actuel où cette arête ne peut occuper une pareille position; μ et ρ ne sont astreints à aucune autre condition que d'être inférieurs à l'unité, et le pivot peut occuper une place quelconque en dehors du diaphragme.

Il est cependant nécessaire de tenir compte d'une autre condition qui, au point de vue pratique, change la nature du problème. Si la circonférence excentrique touche la ligne de symétrie dans l'intérieur du diaphragme, les deux arêtes obturantes se croisent (*fig.* 12) et la surface découverte n'est plus représentée par $2\left(\frac{\alpha - \sin\alpha\cos\alpha}{\pi} - \frac{1}{2}\right)$. Il faut donc, pour faire usage des formules précédentes, satisfaire à la relation

$d^2 \leqq a^2 + r^2$, soit

$$(18) \qquad \mu^2 + \rho^2 \leqq 1.$$

D'après cette condition, μ ne peut atteindre l'unité que si ρ décroît indéfiniment. Cependant, pour la commodité des raisonnements, on pourra supposer que μ atteigne la valeur 1

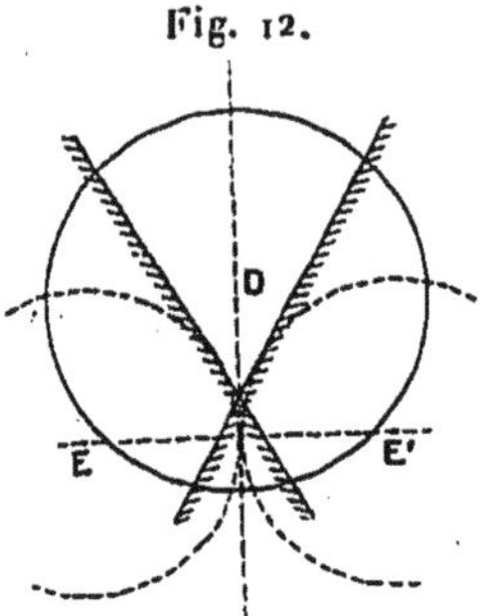
Fig. 12.

indépendamment de ρ. Cette hypothèse correspond à une interprétation géométrique facile, bien que sans sens pratique, mais de nature à compléter les résultats de l'analyse.

Les notations restant les mêmes, l'amplitude du mouvement est mesurée par l'arc

$$\Omega_1 = \omega_1 - \omega_m = \arccos(\mu - \rho) - \arccos \mu;$$

α variant de $\frac{\pi}{2}$ à π, l'abscisse de la courbe de rendement a pour valeur

$$x = \frac{\omega - \omega_m}{\omega_1 - \omega_m} = \frac{\arccos(\mu + \rho\cos\alpha) - \arccos\mu}{\arccos(\mu - \rho) - \arccos\mu}.$$

L'étude de la courbe se fait, comme pour les guillotines, par la considération des variations de x avec μ et ρ.

Variations de l'abscisse avec μ. — Suivant la méthode employée précédemment (p. 9-10), on a

$$(19) \qquad \frac{dx}{d\alpha} = \frac{\rho\sin\alpha}{\Omega_1 \sin\omega},$$

$$(20) \qquad \frac{d^2x}{d\alpha\,d\mu} = -\frac{\rho\sin\alpha}{\Omega_1^2 \sin^2\omega}\left[-\sin\omega\left(\frac{1}{\sin\omega_1} - \frac{1}{\sin\omega_m}\right) - \Omega_1 \frac{\cos\omega}{\sin\omega}\right]$$

$$(20\ bis) \qquad = -\frac{\rho\sin\alpha}{\Omega_1^2 \sin^3\omega}\left(\frac{1}{\sin\omega_1} - \frac{1}{\sin\omega_m}\right)\left(\cos^2\omega - \frac{\Omega_1}{\dfrac{1}{\sin\omega_1} - \dfrac{1}{\sin\omega_m}}\cos\omega - 1\right);$$

on peut avoir $\sin \omega_1 \gtrless \sin \omega_m$. En cas d'égalité, l'équation (20) montre que $\dfrac{d^2 x}{d\alpha\, d\mu}$ s'annule pour $\alpha = \dfrac{2}{3}$, ainsi que $\cos \omega$. Sinon, cette dérivée s'annule deux fois, mais l'une des racines du trinôme en $\cos \omega$, supérieure à l'unité en valeur absolue, est à rejeter. Suivant les cas, ce sera la racine négative ou la racine positive, l'autre racine étant forcément admissible, puisque $\dfrac{dx}{d\mu}\, d\mu$ passe nécessairement par un maximum. Mais $\dfrac{d^2 x}{d\alpha\, d\mu}$ est toujours positif pour la plus grande valeur de $\cos \omega$ qui a lieu pour $\alpha = \dfrac{\pi}{2}$, le trinôme et le facteur $\dfrac{1}{\sin \omega_1} - \dfrac{1}{\sin \omega_m}$ étant de signes contraires. $\dfrac{dx}{d\mu}$ est donc croissant à partir de zéro et, par suite, positif. Il reste tel jusqu'à la valeur ω_1 de ω qui l'annule de nouveau, puisqu'il ne peut passer que par un seul maximum, et le rendement décroît quand μ augmente.

Variations de l'abscisse avec ρ. — On a

$$\Omega_1^2 \frac{dx}{d\rho} = \Omega_1 \frac{d\omega}{d\rho} - (\omega - \omega_m) \frac{d\omega_1}{d\rho}$$

$$= \frac{\Omega_1}{\sin \omega}\, \frac{\cos \omega_m - \cos \omega}{\cos \omega_m - \cos \omega_1} - \frac{\omega - \omega_m}{\sin \omega_1}$$

$$= \frac{\cos \omega_m - \cos \omega}{\sin \omega \, \sin \omega_1} \left(\frac{\omega_1 - \omega_m}{\cos \omega_m - \cos \omega_1} \sin \omega_1 - \frac{\omega - \omega_m}{\cos \omega_m - \cos \omega} \sin \omega \right).$$

L'expression $\dfrac{\omega - \omega_m}{\cos \omega_m - \cos \omega} \sin \omega$, rencontrée précédemment (p. 12), a été examinée dans le cas où $\omega < \omega_m$.

Sa dérivée par rapport à ω,

$$(21) \qquad \frac{\sin \omega}{\cos \omega_m - \cos \omega} \left(1 - \frac{\omega - \omega_m}{\sin \omega}\, \frac{1 - \cos \omega \cos \omega_m}{\cos \omega_m - \cos \omega} \right),$$

évidemment négative quand $\omega > \dfrac{\pi}{2}$, puisque

$$\frac{\omega - \omega_m}{\cos \omega_m - \cos \omega} > 1, \qquad \frac{1 - \cos \omega \cos \omega_m}{\sin \omega} > 1,$$

est au contraire positive quand $\omega < \omega_m$. Si donc cette dérivée n'est pas nulle pour $\omega = \omega_m$, c'est qu'elle change de signe pour une valeur de ω comprise entre ω_m et $\frac{\pi}{2}$. Pour $\omega = \omega_m$, elle se présente sous une forme indéterminée. Mais, en l'écrivant

$$\frac{\sin\omega\,(\cos\omega_m - \cos\omega) - (\omega - \omega_m)(1 - \cos\omega\,\cos\omega_m)}{(\cos\omega_m - \cos\omega)^2},$$

on obtient, en prenant les dérivées des deux termes par rapport à ω,

$$\frac{2\,(\cos\omega_m - \cos\omega)\cos\omega - (\omega - \omega_m)\sin\omega\,\cos\omega_m}{2\,(\cos\omega_m - \cos\omega)\sin\omega}$$

$$= \frac{\cos\omega}{\sin\omega} - \frac{1}{2}\,\frac{\omega - \omega_m}{\cos\omega_m - \cos\omega}\,\cos\omega_m$$

qui, pour $\omega = \omega_m$, tend vers $\frac{1}{2}\cot\omega_m$, quantité positive et différente de zéro, si l'on observe que $\dfrac{\omega - \omega_m}{\cos\omega_m - \cos\omega}$ tend vers $\dfrac{1}{\sin\omega_m}$.

La quantité $\dfrac{\omega - \omega_m}{\cos\omega_m - \cos\omega}\sin\omega$ est donc croissante jusque pour une valeur de ω comprise entre ω_m et $\frac{\pi}{2}$.

Dès lors, il est possible de distinguer trois cas :

1° ω_1 est inférieur à l'angle ω_i, qui rend l'expression $\dfrac{\omega - \omega_m}{\cos\omega_m - \cos\omega}\sin\omega$ maximum ; alors cette dernière quantité est toujours inférieure à $\dfrac{\omega_1 - \omega_m}{\cos\omega_m - \cos\omega_1}\sin\omega_1$. x croît avec ρ et le rendement diminue quand ρ augmente. μ ayant une valeur déterminée, du reste quelconque, il existe toujours une valeur de ρ assez petite pour que la condition précédente soit satisfaite.

2° ω_1 est supérieur à ω_i, mais $\dfrac{\omega_1 - \omega_m}{\cos\omega_m - \cos\omega_1}\sin\omega_1$ est supérieur à 1, valeur initiale de $\dfrac{\omega - \omega_m}{\cos\omega_m - \cos\omega}\sin\omega$ pour $\omega = \omega_m$. $\dfrac{dx}{d\rho}$ est d'abord positif, puis il devient négatif ; autrement dit, les courbes infiniment voisines se coupent. C'est ce qui a toujours lieu pour les valeurs de ρ comprises entre celle qui correspond à $\omega_1 = \omega_i$ et celle qui égale μ. Pour $\rho = \mu$,

en effet, $\omega_1 = \dfrac{\pi}{2}$; $\dfrac{\omega_1 - \omega_m}{\cos\omega_m - \cos\omega_1}\sin\omega_1 = \dfrac{\dfrac{\pi}{2} - \omega_m}{\sin\left(\dfrac{\pi}{2} - \omega_m\right)} > 1$

et $\dfrac{\omega - \omega_m}{\cos\omega_m - \cos\omega}\sin\omega$ passe par un maximum supérieur à

cette quantité entre ω_m et $\dfrac{\pi}{2}$.

3° ω_1 est tel que $\dfrac{\omega_1 - \omega_m}{\cos\omega_m - \cos\omega_1}\sin\omega_1$ soit inférieur à 1, va-

leur initiale de $\dfrac{\omega - \omega_m}{\cos\omega_m - \cos\omega_1}\sin\omega$. Ce cas est possible, car

$\sin\omega_1$ peut être aussi petit qu'on veut, tandis que $\dfrac{\Omega_1}{\cos\omega_m - \cos\omega}$

ne saurait dépasser π (¹). Alors $\dfrac{\omega_1 - \omega_m}{\cos\omega_m - \cos\omega_1}\sin\omega_1$ reste in-

férieur à $\dfrac{\omega - \omega_m}{\cos\omega_m - \cos\omega}\sin\omega$, dont la valeur initiale est 1, et qui

---

(¹) On se rend compte géométriquement, par un raisonnement analogue à celui de la page 8 (*fig.* 5), que le rapport d'un arc situé au-dessus d'un diamètre, à sa projection sur ce diamètre, augmente quand, l'extrémité la plus éloignée du diamètre étant fixe, l'arc s'accroît. Si, au contraire, on suppose fixe l'extrémité la plus rapprochée, on est conduit à la discussion de $\dfrac{\omega - \omega_m}{\cos\omega_m - \cos\omega}$, qui revient précisément à celle qui précède. On voit ainsi que $\dfrac{\omega - \omega_m}{\cos\omega_m - \cos\omega}$ commence par décroître; quand ω a dépassé $\dfrac{\pi}{2}$, cette fraction passe par un minimum, puis croît jusqu'à $\omega = \pi$. La plus grande valeur qu'elle puisse atteindre est alors $\dfrac{\pi}{2}$, correspondant à $\omega_m = \dfrac{\pi}{2}$.

On s'en rend compte géométriquement en considérant le rapport $\dfrac{\omega - \omega_m}{\cos\omega_m - \cos\omega}$ comme ayant pour numérateur et dénominateur la somme des numérateurs et des dénominateurs de fractions infinitésimales $\dfrac{d\omega}{dz}$, où $d\omega$ représente l'accroissement de l'arc pour des valeurs égales de sa projection dz. ω croissant à partir de ω_m, $\dfrac{\omega - \omega_m}{\cos\omega_m - \cos\omega}$ a alors une valeur intermédiaire entre sa valeur initiale $\dfrac{1}{\sin\omega_m}$ pour $\omega = \omega_m$ et la valeur de la dernière fraction $\dfrac{d\omega}{dz}$ ajoutée, fraction dont la valeur décroît tant que $\omega < \dfrac{\pi}{2}$.

Le rapport $\dfrac{\Omega_1}{\rho}$ décroît donc tant que $\omega < \dfrac{\pi}{2}$; mais ensuite $\dfrac{d\omega}{dz}$ croît et $\dfrac{\omega - \omega_m}{\cos\omega_m - \cos\omega}$ passe par un minimum pour une certaine valeur de ω, recroît jusqu'à un maximum à partir de cette valeur. Dès lors, le rendement augmente avec ρ, $\dfrac{dx}{d\rho}$ étant toujours négatif et x décroissant.

C'est ce qui a toujours lieu pour $\mu = 0$, car alors

$$\frac{\omega_1 - \omega_m}{\cos\omega_m - \cos\omega_1}\ \sin\omega_1 = -\ \frac{\omega_1 - \dfrac{\pi}{2}}{\cot\omega_1} < 1.$$

C'est encore ce qui a lieu pour $\mu = 1$. En effet, la dérivée (21) (p. 27) se réduit à $\dfrac{\sin\omega}{1 - \cos\omega}\left(1 - \dfrac{\omega}{\sin\omega}\right)$, puisque $\omega_m = 0$, et cette quantité est évidemment négative.

Il résulte de ces considérations que le rendement est susceptible d'avoir un minimum pour certaines valeurs de ρ. Si, en effet, μ a une valeur fixe assez petite pour que, ρ croissant jusqu'à l'unité, on ait $\dfrac{\omega_1 - \omega_m}{\cos\omega_m - \cos\omega_1}\ \sin\omega_1 < 1$ pour $\omega_1 > \dfrac{\pi}{2}$, le rendement commencera par décroître (cas 1), tant que ρ sera inférieur à la valeur pour laquelle cette fraction est maxima; puis ensuite (cas 3) il sera croissant avec ρ. Dans l'intervalle, il passe donc par un minimum.

Si μ diminue indéfiniment, les valeurs de ρ, entre lesquelles se trouve celle qui correspond au rendement minimum, tendent vers la même limite zéro, correspondant à $\omega = \dfrac{\pi}{2}$. Car le maximum de $\dfrac{\omega - \omega_m}{\cos\omega_m - \cos\omega}\ \sin\omega$ a lieu entre $\dfrac{\pi}{2}$ et ω_m qui tend vers $\dfrac{\pi}{2}$; de plus, la valeur de $\omega_1 > \dfrac{\pi}{2}$, pour laquelle $\dfrac{\omega_1 - \omega_m}{\cos\omega_m - \cos\omega_1}\ \sin\omega_1$ reprend la valeur 1, tend vers $\dfrac{\pi}{2}$ puisque $\dfrac{\omega - \omega_m}{\cos\omega_m - \cos\omega}$ tend vers $\dfrac{1}{\sin\omega_m}$ quand ω tend vers ω_m, et que $\sin\omega_m$ tend vers 1 quand ω_m tend vers $\dfrac{\pi}{2}$.

Si μ augmente, la valeur de ω, pour laquelle $\dfrac{\omega - \omega_m}{\cos\omega_m - \cos\omega}\ \sin\omega$

---

prend la valeur correspondant à $\omega = \dfrac{\pi}{2}$ pour $\omega = \pi - \omega_m$, puis croît jusqu'à $\omega = \pi$.

Le raisonnement purement géométrique est, du reste, applicable pour $\omega < \dfrac{\pi}{2}$ et $\omega > \pi - \omega_m$.

est maximum, diminue jusqu'à zéro, puisque pour $\mu = 1$, ainsi qu'on l'a fait remarquer plus haut, $\dfrac{\omega - \omega_m}{\cos \omega_m - \cos \omega} \sin \omega$ décroît constamment à partir de $\omega = 0$, c'est-à-dire à partir de ω_m.

La valeur de ρ, pour laquelle le rendement est minimum, tend donc encore vers zéro si μ tend vers 1.

Expression analytique du rendement. — D'une manière générale, le rendement est la surface de la courbe dont les coordonnées sont exprimées par les formules

$$x = \frac{\text{arc cos}\,(\mu - \rho \cos \alpha) - \text{arc cos}\,\mu}{\text{arc cos}\,(\mu - \rho) - \text{arc cos}\,\mu},$$

$$y = 2\,\frac{\alpha - \sin \alpha \cos \alpha}{\pi} - 1,$$

où α varie de $\dfrac{\pi}{2}$ à π. On transforme utilement ces formules en y remplaçant la variable α par $\alpha - \dfrac{\pi}{2}$, 0 et $\dfrac{\pi}{2}$ étant les nouvelles limites de la variable.

On a alors

$$(21) \qquad x = \frac{\text{arc cos}\,(\mu - \rho \sin \alpha) - \text{arc cos}\,\mu}{\text{arc cos}\,(\mu - \rho) - \text{arc cos}\,\mu}$$

$$(22) \qquad Y = 2\,\frac{\alpha + \sin \alpha \cos \alpha}{\pi},$$

$$(23) \qquad S = \frac{2\rho}{\pi \Omega_1} \int_0^{\frac{\pi}{2}} \frac{\alpha + \sin \alpha \cos \alpha}{\sqrt{1 - (\mu - \rho \sin \alpha)^2}} \cos \alpha \, d\alpha.$$

Rendement des obturateurs centraux non excentriques. — Si $\mu = 0$, on obtient un cas limite commun à tous les genres d'obturateurs centraux, celui des obturateurs centraux sans excentricité. La formule (23) devient

$$S = \frac{2\rho}{\pi \, \text{arc sin}\, \rho} \int_0^{\frac{\pi}{2}} \frac{\alpha + \sin \alpha \cos \alpha}{\sqrt{1 - \rho^2 \sin^2 \alpha}} \cos \alpha \, d\alpha.$$

Par les procédés classiques, on obtient

$$\int \frac{\alpha \cos\alpha \, d\alpha}{\sqrt{1 - \rho^2 \sin^2\alpha}} = \frac{\alpha \arcsin(\rho \sin\alpha)}{\rho} - \frac{1}{\rho} \int \arcsin(\rho \sin\alpha) \, d\alpha,$$

$$\int \frac{\sin\alpha \cos^2\alpha \, d\alpha}{\sqrt{1 - \rho^2 \sin^2\alpha}} = \frac{- \cos\alpha \sqrt{1 - \rho^2 \sin^2\alpha} + \dfrac{1 - \rho^2}{\rho} L\left(\rho \cos\alpha + \sqrt{1 - \rho^2 \sin^2\alpha}\right)}{2\rho^2}.$$

Ces formules permettent de calculer le rendement pour un angle quelconque α, $\int \arcsin(\rho \sin\alpha)\, d\alpha$ étant intégré en série.

Le rendement total s'exprime comme il suit :

$$S = \frac{2\rho}{\pi \arcsin\rho} \left[\frac{\pi \arcsin\rho}{2\rho} \right.$$

$$- \frac{1}{\rho} \int_0^{\frac{\pi}{2}} d\alpha \left(\frac{\rho \sin\alpha}{1} + \frac{1}{2}\frac{\rho^3 \sin^3\alpha}{3} + \dots \right.$$

$$\left. + \frac{1.3\dots(2n-1)}{2.4\dots(2n)} \frac{\rho^{2n+1} \sin\alpha^{2n+1}}{2n+1} + \dots \right)$$

$$\left. + \frac{1 + \dfrac{1 - \rho^2}{2\rho} L \dfrac{1 - \rho}{1 + \rho}}{2\rho^2} \right].$$

Suivant une formule bien connue,

$$\frac{1.3\dots(2n-1)}{2.4\dots 2n} \int_0^{\frac{\pi}{2}} \sin\alpha^{2n+1} \, d\alpha = \frac{1}{2n+1},$$

et finalement (¹)

$$S = 1 + \frac{2}{\pi \arcsin\rho} \left(\frac{1}{2\rho} + \frac{1 - \rho^2}{4\rho^2} L \frac{1 - \rho}{1 + \rho} - \frac{0}{1^2} - \frac{\rho^3}{3^2} - \frac{\rho^5}{5^2} \dots \right).$$

(¹) Cette série n'est pas assez convergente pour le calcul de S lorsque ρ n'est pas petit.

Lorsque $\rho = 1$, on calcule en effet l'approximation ainsi qu'il suit. On a d'abord

$$\frac{1}{1^2} + \frac{1}{3^2} + \frac{1}{5^2} + \dots = \frac{1}{2}\left(\frac{\pi}{2}\right)^2.$$

D'après une autre formule connue,

$$\frac{1}{n^2} + \frac{1}{(n+1)^2} + \frac{1}{(n+2)^2} + \dots = \frac{d^2}{dn^2} \log \Gamma n,$$

L'emploi des formules qui précèdent permet de tracer la courbe de la *fig.* 13, qui donne le rendement pour toutes les valeurs de ρ, avec une approximation voisine de 0,001.

Rendement de l'obturateur central droit, mouvement rectiligne. — Lorsque μ et ρ sont nuls simultanément, les calculs ci-dessus sont en défaut. La vraie valeur de x qui se présente sous une forme indéterminée est

$$x = \lim \frac{\dfrac{\sin\alpha}{\sqrt{1 - \rho^2 \sin^2\alpha}}}{\dfrac{1}{\sqrt{1 - \rho^2}}} = \sin\alpha, \qquad dx = \cos\alpha\, d\alpha,$$

$$S_\alpha = \frac{2}{\pi} \int_0^\alpha (\alpha + \sin\alpha \cos\alpha) \cos\alpha\, d\alpha = \frac{2}{\pi} \left(\alpha \sin\alpha + \cos\alpha - \frac{\cos^3\alpha}{3} \right).$$

Le rendement total est

$$S = 1 - \frac{4}{3\pi} = 0,57559,$$

résultat déjà connu.

Rendement de l'obturateur central droit pivotant autour d'un point du diaphragme. — Si, au contraire, $\rho = 1$, on obtient immédiatement

$$S_\alpha = \frac{4}{\pi^2} \int_0^\alpha (\alpha + \sin\alpha \cos\alpha)\, d\alpha = \frac{2}{\pi^2} (\alpha^2 + \sin^2\alpha).$$

---

d'où

$$\frac{1}{1^2} + \frac{1}{3^2} + \ldots + \frac{1}{(2n-1)^2} = \frac{1}{2}\left(\frac{\pi}{2}\right)^2 - \left(\frac{d^2}{d(2n)^2} \log\Gamma\, 2n - \frac{1}{4} \frac{d^2}{dn^2} \log\Gamma\, n \right)$$

d'où l'on conclut l'approximation cherchée. Mais on peut développer cette quantité en série :

$$\frac{d^2 \log\Gamma\, n}{dn^2} = \frac{1}{n} + \frac{1}{2n(n+1)} + \frac{1.2}{3n(n+1)(n+2)} + \ldots.$$

Si n est un peu grand, $\dfrac{1}{4n}$ représente à peu près l'approximation. Si on la suppose de $\frac{1}{1000}$ par exemple, $\dfrac{1}{4n} = \dfrac{1}{1000}$, $n = 250$. Il faudrait donc calculer 500 termes environ. Il y a donc à préférer une méthode de quadrature, si ρ est voisin de 1.

Le rendement total a pour valeur

$$S = \frac{1}{2} + \frac{2}{\pi^2} = 0,70264.$$

Fig. 13.

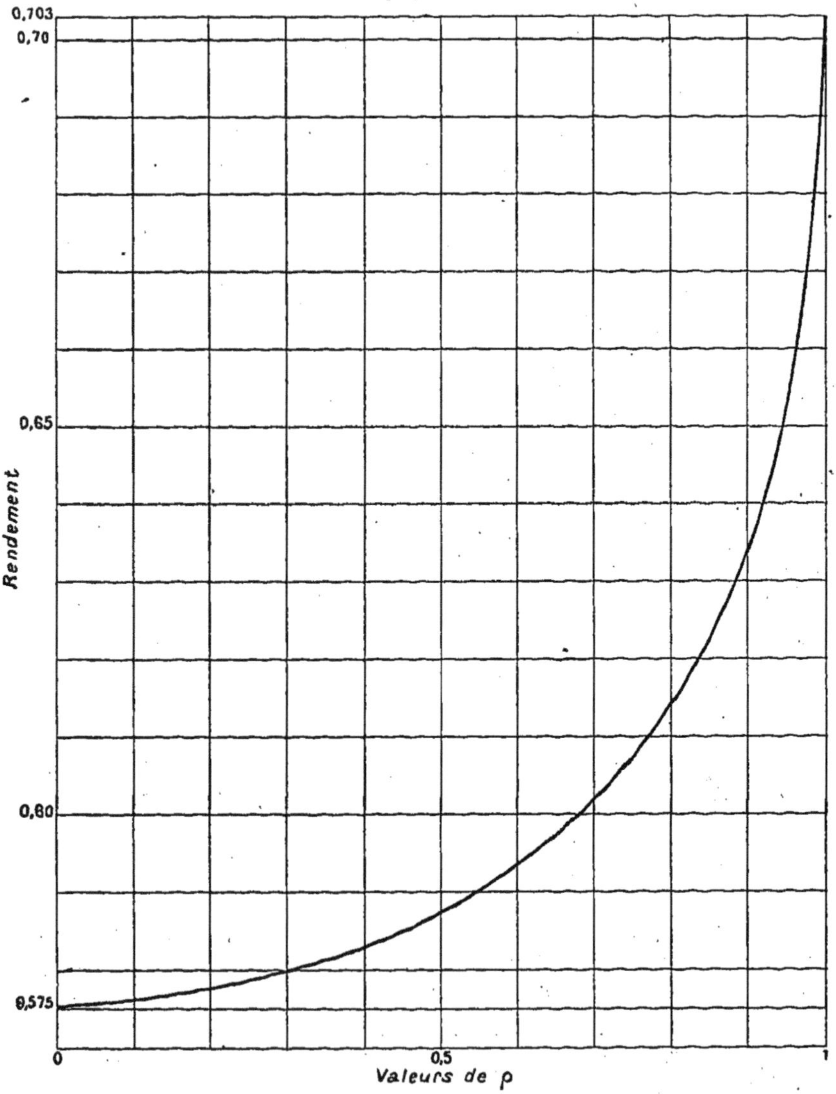

Les formules qui précèdent, faciles à établir directement,

donnent la valeur du rendement pour $\mu = 0$, lorsque ρ varie de o à 1. Ce rendement augmente constamment de o,576 à o,7o3, ainsi qu'on l'a vu. On peut, du reste, le vérifier en prenant la dérivée, par rapport à ρ, du rendement total.

Rendement limite pour $\mu = 1$. — Tenant compte des restrictions apportées à cette valeur de μ (p. 25), on peut calculer le rendement fictif pour une valeur quelconque de $\rho < 1$, μ étant égal à 1.

Ainsi, pour $\rho = 1$, on trouve par quadrature

$$S = \frac{4}{\pi^2} \int_0^{\frac{\pi}{2}} \frac{\alpha + \sin\alpha\cos\alpha}{\sqrt{\sin\alpha(2 - \sin\alpha)}} \cos\alpha\, d\alpha = 0,423.$$

ρ décroissant, S décroît, comme on l'a démontré (p. 3o). Pour $\mu = 1$, $\rho = 0$, la valeur de x se présente sous une forme indéterminée. On lève facilement cette indétermination de x, et l'on a (*voir* p. 17)

$$x = \lim \frac{\operatorname{arc\,cos}(1 - \rho\sin\alpha)}{\operatorname{arc\,cos}(1 - \rho)} = \sqrt{\sin\alpha},$$

$$dx = \frac{1}{2}\sin^{-\frac{1}{2}}\alpha\cos\alpha\, d\alpha,$$

$$S = \frac{1}{\pi}\int_0^{\frac{\pi}{2}} (\alpha + \sin\alpha\cos\alpha)\sin^{-\frac{1}{2}}\alpha\cos\alpha\, d\alpha,$$

$$\int \alpha \sin^{-\frac{1}{2}}\alpha\cos\alpha\, d\alpha = 2\alpha\sin^{\frac{1}{2}}\alpha - 2\int \sin^{\frac{1}{2}}\alpha\, d\alpha,$$

$$\int \cos^2\alpha\sin^{\frac{1}{2}}\alpha\, d\alpha = \frac{2}{3}\sin^{\frac{3}{2}}\alpha\cos\alpha + \frac{2}{3}\int \sin^{\frac{5}{2}}\alpha\, d\alpha$$

$$= \int \sin^{\frac{1}{2}}\alpha\, d\alpha - \int \sin^{\frac{5}{2}}\alpha\, d\alpha$$

$$= \frac{2}{5}\sin^{\frac{3}{2}}\alpha\cos\alpha + \frac{2}{5}\int \sin^{\frac{1}{2}}\alpha\, d\alpha,$$

$$S_\alpha = \frac{2}{\pi}\left(\alpha\sin^{\frac{1}{2}}\alpha + \frac{1}{5}\sin^{\frac{3}{2}}\alpha\cos\alpha - \frac{4}{5}\int_0^{\alpha}\sin^{\frac{1}{2}}\alpha\, d\alpha\right).$$

Le rendement total S est calculable au moyen des fonctions

culériennes ([1]). On a

$$S = 1 - \frac{2}{\pi} \frac{4}{5} \int_0^{\frac{\pi}{2}} \sin^{\frac{1}{2}} \alpha \, d\alpha = 0,38979.$$

Limite du rendement pour $\mu + \rho = 1$, $\rho = 0$. — On a fait remarquer que, tandis que, pour l'obturateur actuel, les valeurs de μ et ρ ne sont astreintes qu'à la condition $\mu^2 + \rho^2 \leqq 1$, pour les autres genres d'obturateurs centraux, les valeurs des variables sont liées par la condition $\mu + \rho \leqq 1$. Pour la comparaison de ces différents systèmes d'obturateurs, il est intéressant de chercher la limite du rendement lorsque, μ et ρ étant liés par la relation $\mu + \rho = 1$, ρ devient infiniment petit.

Si, dans l'expression générale de x, on fait $\mu = 1 - \rho$, ρ étant infiniment petit,

$$x = \frac{\arccos(1 - \rho - \rho \sin\alpha) - \arccos(1 - \rho)}{\arccos(1 - 2\rho) - \arccos(1 - \rho)}.$$

L'arc infiniment petit étant égal à la racine du double du

([1]) Posant

$$\sin\alpha = z^{\frac{1}{2}}, \qquad d\alpha = \frac{1}{2} z^{-\frac{1}{2}} (1 - z)^{-\frac{1}{2}} dz,$$

$$\int_0^{\frac{\pi}{2}} \sin\alpha^{\frac{1}{2}} \, d\alpha = \frac{1}{2} \int_0^1 z^{-\frac{1}{4}} (1 - z)^{-\frac{1}{2}} dz = \frac{1}{2} \frac{\Gamma\frac{3}{4} \Gamma\frac{1}{2}}{\Gamma\frac{5}{4}},$$

$$\Gamma\frac{3}{4} \Gamma\frac{5}{4} = \frac{\pi}{4 \sin\frac{\pi}{4}}; \qquad \Gamma\frac{1}{2} = \sqrt{\pi},$$

$$\frac{2}{\pi} \frac{4}{5} \int_0^{\frac{\pi}{2}} \sin^{\frac{1}{2}} \alpha \, d\alpha = \frac{\sqrt{2\pi}}{5\left(\Gamma\frac{5}{4}\right)^2},$$

$$\log \frac{\sqrt{2\pi}}{5} = \bar{1},7001199,$$

$$2 \log \Gamma\frac{5}{4} = \bar{1},9146422.$$

$$\bar{1},7854777 = \log 0,610208 = \log(1 - S).$$

sinus verse (p. 17)

$$x = \frac{\sqrt{2\rho(1+\sin\alpha)} - \sqrt{2\rho}}{\sqrt{4\rho} - \sqrt{2\rho}} = \frac{\sqrt{1+\sin\alpha} - 1}{\sqrt{2} - 1},$$

$$dx = \frac{1}{\sqrt{2}-1}\frac{\cos\alpha\, d\alpha}{2\sqrt{1+\sin\alpha}},$$

$$S = \frac{1}{\pi(\sqrt{2}-1)}\int_0^{\frac{\pi}{2}} \frac{2+\sin\alpha\,\cos\alpha}{\sqrt{1+\sin\alpha}}\cos\alpha\, d\alpha.$$

En prenant la moitié du complément de l'arc pour variable et suivant la même marche que précédemment (p. 18), cette expression s'intègre sous la forme

$$S_\alpha = \frac{\sqrt{2}}{\sqrt{2}-1}\left[1 - \cos\frac{\alpha}{2} \right.$$

$$\left. + \frac{1}{\pi}\left(2\alpha\cos\frac{\alpha}{2} - 4\sin\frac{\alpha}{2} + \frac{1}{6}\sin\frac{3}{2}\alpha - \frac{1}{10}\sin\frac{5}{2}\alpha \right) \right].$$

Le rendement total est

$$S = \left(1+\sqrt{2}\right)\left(\sqrt{2} - \frac{56}{15\pi}\right) = 0,54527.$$

Variation de la valeur du rendement pour $\rho = 0$. — Lorsque $\rho = 0$, la valeur de x se présente sous une forme indéterminée. On est alors conduit à un calcul identique à celui qu'on a développé pour *l'obturateur central droit, mouvement rectiligne* (p. 33). La valeur $1 - \frac{4}{3\pi} = 0,576$, trouvée pour le rendement de cet obturateur, n'est donc pas une valeur particulière, mais la valeur générale pour $\rho = 0$, μ quelconque. Il pourrait sembler qu'il y a contradiction entre ce résultat et les précédents, si l'on n'avait vu précédemment, pour les guillotines, que cette variation du rendement tient à la convergence simultanée de ρ et $(1-\mu)$ vers zéro. μ et ρ n'étant pas, dans le cas actuel, limités par la relation $\mu + \rho = 1$, une explication plus détaillée ne sera pas superflue.

Le rayon a du cercle excentrique étant fini, soit l la distance DM du centre du diaphragme au point de contact de cette circonférence avec la ligne de symétrie DI (*fig.* 14).

l croissant indéfiniment, μ diffère de 1, et, d'après le calcul qu'on vient de rappeler, x tend vers la valeur $\sin\alpha$, indé-

Fig. 14.

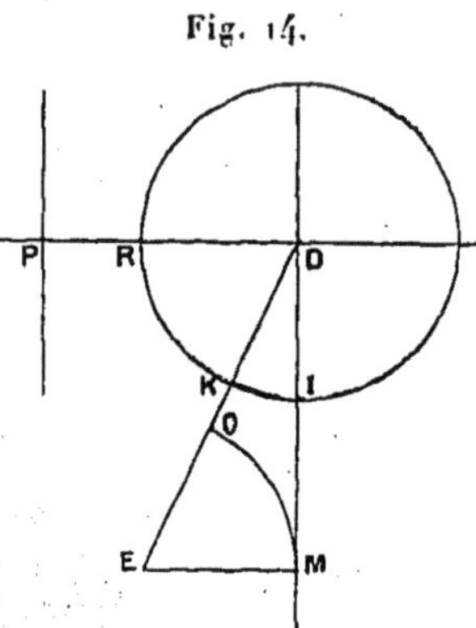

pendante de μ, et le rendement constant est $1 - \dfrac{4}{3\pi}$. Mais, si μ tend vers 1, soit $1 - \mu = \varepsilon$, ε étant alors infiniment petit comme ρ,

$$x = \frac{\text{arc cos}(1 - \varepsilon - \rho\sin\alpha) - \text{arc cos}(1 - \varepsilon)}{\text{arc cos}(1 - \varepsilon - \rho) - \text{arc cos}(1 - \varepsilon)}.$$

On obtient, par une transformation connue, en supprimant un facteur $\sqrt{2}$,

$$x = \frac{\sqrt{\varepsilon + \rho\sin\alpha} - \sqrt{\varepsilon}}{\sqrt{\varepsilon + \rho} - \sqrt{\varepsilon}} = \frac{\sqrt{1 + \dfrac{\rho}{\varepsilon}\sin\alpha} - 1}{\sqrt{1 + \dfrac{\rho}{\varepsilon}} - 1}.$$

On a

$$\frac{\rho}{\varepsilon} = \frac{\rho}{1 - \mu} = \frac{r}{d - a}.$$

Mais

$$d = \text{DE}, \qquad d^2 = a^2 + l^2, \qquad \frac{\rho}{\varepsilon} = \frac{r}{\sqrt{l^2 + a^2} - a}.$$

ε étant infiniment petit, a est infiniment grand. Il y a cependant plusieurs cas à distinguer. a peut être infiniment grand d'un ordre inférieur à l. Alors $\dfrac{\rho}{\varepsilon}$ est évidemment infiniment petit et en extrayant les racines,

$$x = \frac{1 + \dfrac{1}{2}\dfrac{\rho}{\varepsilon}\sin\alpha - 1}{1 + \dfrac{1}{2}\dfrac{\rho}{\varepsilon} - 1} = \sin\alpha,$$

comme précédemment, où a étant fini l était infini. Croissant toujours, a peut être de même ordre que l; alors

$$\frac{\rho}{\varepsilon} = \frac{\dfrac{r}{a}}{\sqrt{1 + \dfrac{a^2}{l^2}} - 1}$$

est encore infiniment petit et les conclusions ne changent pas.

a devient ensuite d'un ordre de grandeur supérieur à l,

$$\frac{\rho}{\varepsilon} = \frac{2\,r}{a\sqrt{1 + \dfrac{l^2}{a^2}} - a}.$$

Extrayant la racine, ce qui est permis, puisque $\dfrac{l}{a}$ est infiniment petit,

$$\frac{\rho}{\varepsilon} = \frac{r}{\dfrac{l^2}{a}}.$$

Si $\dfrac{l^2}{a}$ est fini, $\dfrac{\rho}{\varepsilon}$ et, par suite, x et le rendement varieront avec la valeur de ce rapport. D'une manière générale, c'est ce qui a lieu chaque fois que $\sqrt{l^2 + a^2} - a = d - a$ est fini et ce cas ne peut avoir lieu que si l est d'ordre inférieur à a. La distance $d - a$ est représentée par OD. La circonférence excentrique est donc à distance finie du diaphragme. De plus l'angle MDE a pour sinus

$$\frac{a}{d} = \frac{1}{\sqrt{\dfrac{l^2}{a^2} + 1}} = 1,$$

puisque $\dfrac{l^2}{a^2}$ est infiniment petit. Le point O vient donc sur une perpendiculaire DR à la ligne de symétrie, et la circonférence excentrique de rayon infini est une droite parallèle à cette ligne passant par le point P de DR, à distance finie de D. Ce cercle infini va toucher l'axe DI en un point M rejeté à l'infini. Dans le cas des guillotines, la ligne DOE représente, sinon un axe de symétrie, si la guillotine est mixte, du moins la ligne des centres. On voit donc se poursuivre, pour l'obturateur central, les conséquences des conclusions auxquelles on était arrivé pour les guillotines. Si en particulier on a $\mu + \rho = 1$, $\sqrt{a^2 + l^2} - a = r$, et le point D vient en R. En même temps $\dfrac{\rho}{\varepsilon}$ atteint la valeur 1.

Supposons enfin l fini,

$$\frac{\rho}{\varepsilon} = \frac{r}{a\sqrt{1 + \dfrac{l^2}{a^2}} - a} = \frac{ra}{l^2}$$

est infini et la valeur de x, rapport des coefficients de cette quantité au numérateur et au dénominateur, est $\sqrt{\sin \alpha}$. Elle est donc encore une fois indépendante de μ et le rendement est constant, mais avec une valeur différente de la valeur fixe correspondant à a fini, l infini.

Courbes de rendement. — Les développements qui précèdent permettent de voir les transformations de la courbe de rendement; on les complète par la connaissance de la tangente à l'origine de la courbe.

Des relations

$$y = \frac{2}{\pi}(\alpha + \sin \alpha \cos \alpha), \qquad \frac{dy}{d\alpha} = \frac{4}{\pi}\cos^2 \alpha,$$

$$x = \frac{\text{arc}\cos(\mu - \rho\sin\alpha) - \text{arc}\cos\mu}{\text{arc}\cos(\mu - \rho) - \text{arc}\cos\mu}, \qquad \frac{dx}{d\alpha} = \frac{\rho\cos\alpha}{\Omega_1\sqrt{1 - (\mu - \rho\sin\alpha)^2}},$$

on tire, pour la valeur générale du coefficient angulaire,

$$C = \frac{dy}{dx} = \frac{4\Omega_1}{\pi\rho}\sin\omega\cos\alpha,$$

α variant ici de zéro à $\dfrac{\pi}{2}$.

A l'origine,

$$C_0 = \frac{4\Omega_1}{\pi\rho}\sin\omega_m.$$

Ce coefficient peut prendre toutes les valeurs comprises entre o et 2. C'est ce qui résulte de la discussion suivante des cas particuliers qui peuvent se présenter.

Si $\mu = 0$,

$$\Omega_1 = \frac{\pi}{2} - \text{arc cos}\,\rho = \text{arc sin}\,\rho, \qquad C_0 = \frac{4}{\pi}\,\frac{\text{arc sin}\,\rho}{\rho};$$

ρ variant de zéro à 1, cette quantité varie de $\frac{4}{\pi}$ à 2. μ étant quelconque, si $\rho = 0$,

$$\frac{\Omega_1}{\rho} = \lim \frac{\omega_1 - \omega_m}{\cos\omega_m - \cos\omega_1} = \frac{1}{\sin\omega_m} \qquad \text{et} \qquad C_0 = \frac{4}{\pi}.$$

Lorsque $\mu = 1$, $\sin\omega_m = 0$, $C_0 = 0$. La courbe est tangente à l'origine à l'axe OX. Ce cas est remarquable. Il suffit pour expliquer la petitesse du rendement (fictif, puisque μ ne saurait atteindre cette valeur sans que $\rho = 0$) dans ce cas.

Si enfin $\rho = 1$,

$$C_0 = \frac{4}{\pi}\,[\text{arc cos}(\mu - 1) - \text{arc cos}\,\mu]\,\sqrt{1 - \mu^2}.$$

μ variant de o à 1, cette quantité varie de 2 à o. Quant aux variations de $C_0 = \frac{\pi}{4}\cdot\frac{\omega_1 - \omega_m}{\cos\omega_m - \cos\omega_1}\,\sin\omega_m$, avec μ et ρ, elles dépendent d'une quantité dont la discussion a été complètement établie précédemment.

Carte du rendement. — Soient O le centre du diaphragme (*fig.* 15) dont le rayon OR est pris comme unité, OY la ligne de symétric suivant laquelle s'ouvre le diaphragme. Il suffira de marquer un seul pivot, celui de gauche par exemple, l'arête obturatrice correspondante s'éloignant dans son mouvement sur la droite du diaphragme. Une position du pivot est définie par les rapports

$$\frac{CM}{OC} = \mu \qquad \text{et} \qquad \frac{OR}{OC} = \rho.$$

On peut aussi la définir par ses coordonnées x et y par rap-

port à OY et à l'axe OX perpendiculaire; on a alors les relations

$$\mu = \frac{x}{\sqrt{x^2 + y^2}}, \qquad \rho = \frac{y}{\sqrt{x^2 + y^2}}.$$

Si μ est constant, la direction OC est fixe et ρ variant, le
pivot se déplace sur ce rayon depuis l'infini ($\rho = 0$) jusqu'à

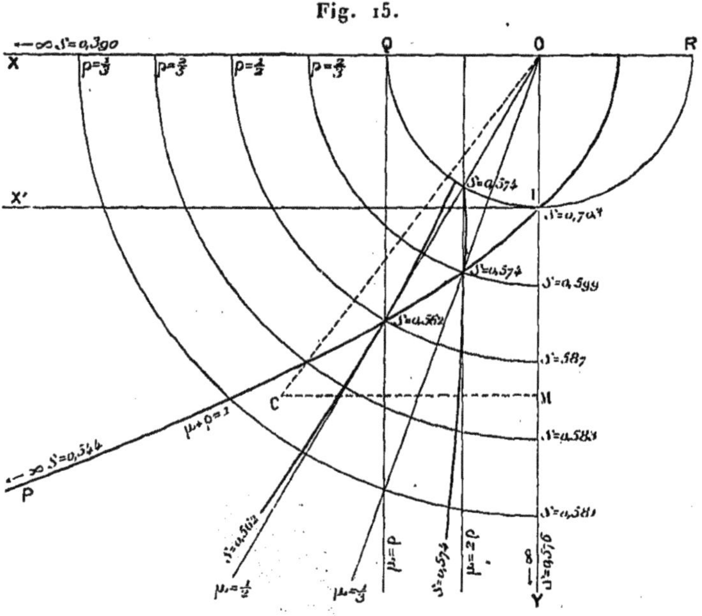

Fig. 15.

la circonférence du diaphragme ($\rho = 1$). Si, au contraire,
ρ est constant, la distance CO est constante et, μ variant, le
pivot peut occuper les différents points de la circonférence
de rayon CO. Le pivot ne peut cependant pas occuper les
points du plan compris entre l'axe OX et la parallèle IX' à
cet axe. C'est du reste ce qu'exprime la relation $\mu^2 + \rho^2 \geqq 1$,
qui se transforme en $y \geqq 1$.

La condition $\mu + \rho = 1$ conduit à la relation

$$(x + 1)^2 = x^2 + y^2,$$
$$y^2 = 1 + 2x,$$

équation d'une parabole dont l'axe est OX, le sommet au

milieu de OR et qui passe par le point I. Pour les autres genres d'obturateurs centraux, étudiés ultérieurement, la condition restrictive $\mu + \rho < 1$ signifie que le pivot ne saurait sortir de la région du plan comprise entre IY et la parabole. Celle-ci est en effet le lieu des points également distants de l'axe et du diaphragme. Dans le cas actuel, ρ étant fixe, le rendement diminue lorsque μ croît, le pivot se déplaçant sur la circonférence de rayon OC, de OY à OX'. Le pivot s'éloignant sur OY le rendement diminue de 0,703 à 0,576. Sur OX il diminue de 0,423 à 0,390. Sur un rayon quelconque OC, le rendement, diminuant d'abord quand le pivot s'éloigne, peut passer par un minimum et croître ensuite vers une limite invariable $1 - \dfrac{4}{3\pi} = N$, puisque alors la valeur du rapport $\dfrac{y}{x}$ égal à $\dfrac{d}{a}$ est finie. Cette limite invariable étant reconnue, la nécessité du minimum en résulte. Car le rendement diminuant lorsque le pivot se déplace de I à Q, il y a une position pour laquelle il est égal à la valeur N. Or s'il n'y avait pas de minimum avant d'atteindre ce point, le rendement serait toujours décroissant le long d'un rayon en s'éloignant du diaphragme. Au delà de ce point, il serait toujours croissant, et, par suite, fixe pour la position intermédiaire; ce qui n'est pas possible.

Le rendement dont la limite à l'infini est $N = 0,576$ sur tout rayon OC différent de OX, passe de cette limite à 0,390 quand le rayon OC vient coïncider avec OX, la différence entre μ et 1 devenant infiniment petite. C'est ainsi que le rendement sur la parabole $\mu + \rho = 1$ converge vers 0,545, limite comprise entre 0,390 et 0,576.

Lorsque μ tend vers zéro, la position du minimum de rendement correspond à la limite zéro de ρ et c'est à l'infini que se trouve le minimum de rendement pour $\mu = 0$, dans la direction OY.

De même, si $\mu = 1$, le rendement minimum est à l'infini dans la direction OX. La courbe du minimum est donc à branches infinies comprise entre OX et OY.

Une valeur fixe du rendement inférieure à N définit une courbe d'égal rendement à branche infinie parallèle à OX, puisqu'on sait que dans toute autre direction le rendement atteint une valeur uniforme égale à N. Sa distance à OX est de plus infinie, car, sur toute parallèle à OX située à distance finie, le rendement égale 0,390. Cette courbe est donc parabolique.

Pour les valeurs de S supérieures à N, les courbes d'égal rendement n'ont plus de branches infinies et rencontrent OY. Si S diminuant atteint N, le point de rencontre s'éloigne indéfiniment.

Au point de rencontre d'une courbe d'égal rendement avec la courbe du minimum, la tangente est dirigée vers le point O. L'existence des courbes d'égal rendement entraîne en chaque point un minimum dans la direction de la tangente à cette courbe. Or ces lignes, étant paraboliques, n'ont leur direction parallèle à OX qu'à l'infini. Dans cette direction, il n'existe donc pas de minimum. Le rendement est toujours décroissant.

Amplitude du mouvement dans les obturateurs précédents. — Elle est représentée par l'angle

$$\Omega_1 = \arccos(\mu - \rho) - \arccos\mu,$$

qui croît avec ρ, μ restant fixe. Si μ varie indépendamment de ρ,

$$\frac{d\Omega_1}{d\mu} = \frac{\sqrt{1-(\mu-\rho)^2} - \sqrt{1-\mu^2}}{\sqrt{1-\mu^2}\sqrt{1-(\mu-\rho)^2}}.$$

Il y a minimum pour $\rho = 2\mu$, c'est-à-dire sur la droite $x = \frac{1}{2}$. Si l'on fait $\mu + \rho = 1$, on a

$$\frac{d\Omega_1}{d\mu} = \frac{1}{\sqrt{1-\mu}}\left(\frac{1}{\sqrt{1+\mu}} - \frac{1}{\sqrt{\mu}}\right),$$

quantité négative. Ω_1 décroît constamment, lorsque μ augmente.

OBTURATEUR CENTRAL (VANNE) INTERNE.

La courbe de rendement a pour abscisse

$$x = \frac{\arccos\mu - \arccos(\mu - \rho\cos\alpha)}{\arccos\mu - \arccos(\mu + \rho)},$$

α variant de $\frac{\pi}{2}$ à π. L'ordonnée est

$$y = 2\,\frac{\alpha - \sin\alpha\cos\alpha}{\pi} - 1.$$

La condition $\mu + \rho \leqq 1$ est ici imposée. On peut transformer ces expressions pour leur donner la forme employée précédemment, en remplaçant α par $\pi - \alpha$. Alors

$$x = \frac{\arccos\mu - \arccos(\mu + \rho\cos\alpha)}{\arccos\mu - \arccos(\mu + \rho)} = \frac{\omega_m - \omega}{\Omega_0},$$

$$y = 1 - 2\,\frac{\alpha - \sin\alpha\cos\alpha}{\pi},$$

α variant de $\frac{\pi}{2}$ à zéro, si l'on veut considérer la première moitié de la courbe de rendement. En faisant varier α de 0 à $\frac{\pi}{2}$, on étudierait la courbe sur sa deuxième moitié, l'ordonnée variant de sa plus grande valeur à sa plus petite.

L'obturateur interne peut être considéré comme cas particulier de l'obturateur externe. Si l'on suppose, en effet (*fig.* 15), que le pivot, franchissant l'axe OX, passe dans le quadrant supérieur, le sens de l'ouverture restant toujours le même, on voit que la tangente commune ne peut plus être qu'une tangente interne.

Variations du rendement avec μ et ρ. — μ variant, on a

$$\Omega_0^2\,\frac{dx}{d\mu} = \left(\frac{1}{\sin\omega} - \frac{1}{\sin\omega_m}\right)(\omega_m - \omega_0)$$

$$-\,(\omega_m - \omega)\left(\frac{1}{\sin\omega_0} - \frac{1}{\sin\omega_m}\right)$$

$$= \frac{(\sin\omega_m - \sin\omega)(\sin\omega_m - \sin\omega_0)}{\sin\omega\,\sin\omega_0\,\sin\omega_m}$$

$$\times\left(\frac{\omega_m - \omega_0}{\sin\omega_m - \sin\omega_0}\sin\omega_0 - \frac{\omega_m - \omega}{\sin\omega_m - \sin\omega}\sin\omega\right).$$

Le facteur en dehors de la dernière parenthèse étant positif et $\sin\omega_0 < \sin\omega$, on a aussi

$$\frac{\omega_m - \omega_0}{\sin\omega_m - \sin\omega_0} < \frac{\omega_m - \omega}{\sin\omega_m - \sin\omega}.$$

Ces expressions représentent en effet le rapport d'arcs ayant une extrémité commune à leur projection sur un diamètre, les deux arcs étant inférieurs à $\frac{\pi}{2} - \omega_m$ (*voir* la note p. 29) et ayant leur extrémité commune la plus éloignée du diamètre. Le rendement augmente donc quand μ croît.

Si ρ varie, on a

$$\Omega_0^2 \frac{dx}{d\rho} = \frac{\omega_m - \omega_0}{\sin \omega} \cos \alpha - \frac{\omega_m - \omega}{\sin \omega_0}$$

$$= \frac{\cos \omega - \cos \omega_m}{\sin \omega \sin \omega_0} \left(\frac{\omega_m - \omega_0}{\cos \omega_0 - \cos \omega_m} \sin \omega_0 - \frac{\omega_m - \omega}{\cos \omega - \cos \omega_m} \sin \omega \right).$$

On sait que $\dfrac{\omega_m - \omega}{\cos \omega - \cos \omega_m} \sin \omega$ croît avec ω, si $\omega < \omega_m$ (p. 13). $\frac{dx}{d\rho}$ est donc encore négatif et le rendement augmente quand ρ croît.

Le rendement augmentant quand μ augmente, quel que soit ρ, sa plus grande valeur, compatible avec une valeur fixe de ρ, est atteinte lorsque $\mu + \rho = 1$; μ continuant à croître aux dépens de ρ, de manière que la relation $\mu + \rho = 1$ subsiste, le rendement continue de croître. ω_0 étant alors nul, on a en effet $x = 1 - \dfrac{\omega}{\omega_m}$ et, en tenant compte des valeurs de $\dfrac{d\omega}{d\mu}, \dfrac{d\omega_m}{d\mu}$,

$$\omega_m^2 \frac{dx}{d\mu} = \frac{\omega_m (1 - \cos \alpha)}{\sin \omega} - \frac{\omega}{\sin \omega_m},$$

$$1 - \cos \alpha = \frac{\cos \omega_0 - \cos \omega}{\cos \omega_0 - \cos \omega_m} = \frac{1 - \cos \omega}{1 - \cos \omega_m},$$

$$\omega_m^2 \frac{dx}{d\mu} = \frac{1 - \cos \omega}{\sin \omega \sin \omega_m} \left(\frac{\omega_m \sin \omega_m}{1 - \cos \omega_m} - \frac{\omega \sin \omega}{1 - \cos \omega} \right)$$

$$= 2 \frac{\tang \frac{\omega}{2}}{\sin \omega_m} \left(\frac{\frac{\omega_m}{2}}{\tang \frac{\omega_m}{2}} - \frac{\frac{\omega}{2}}{\tang \frac{\omega}{2}} \right),$$

expression qui rend évidente le théorème énoncé.

Limites du rendement. — La plus grande valeur du rendement est donc celle qui correspond à $\rho = 0$, $\mu = 1$. La plus petite correspond à $\rho = 0$, $\mu = 0$. Elle est égale, comme on sait, à $1 - \dfrac{4}{3\pi} = 0,576$. Si $\mu = 0$, on retombe en effet sur les obturateurs centraux non excentriques étudiés précédemment, dont le rendement varie de $1 - \dfrac{4}{3\pi} = 0,576$ à $\dfrac{1}{2} + \dfrac{2}{\pi^2} = 0,703$, ρ variant de 0 à 1. Si

$$\mu + \rho = 1, \qquad \mu = 1 - \rho, \qquad x = 1 - \frac{\operatorname{arc\,cos}[1 - \rho(1 - \cos\alpha)]}{\operatorname{arc\,cos}(1 - \rho)},$$

ρ devenant infiniment petit,

$$x = 1 - \sqrt{1 - \cos\alpha} = 1 - \sqrt{2}\sin\frac{\alpha}{2},$$

$$dx = -\sqrt{2}\cos\frac{\alpha}{2}\frac{d\alpha}{2},$$

$$S_\alpha = \int_\alpha^{\frac{\pi}{2}} \left[1 - \frac{2}{\pi}(\alpha - \sin\alpha\cos\alpha)\right]\sqrt{2}\cos\frac{\alpha}{2}\frac{d\alpha}{2}.$$

L'intégration, faite conformément à la méthode déjà employée dans des cas semblables, donne

$$S_\alpha = \sqrt{2}\left[\sin\frac{\alpha}{2} + \frac{1}{\pi}\left(2\alpha\sin\frac{\alpha}{2} + 4\cos\frac{\alpha}{2} + \frac{1}{10}\cos\frac{5}{2}\alpha + \frac{1}{6}\cos\frac{3}{2}\alpha\right)\right].$$

Le rendement total

$$S = \frac{8}{15\pi}\left(8\sqrt{2} - 7\right) = 0,73232.$$

C'est la plus grande valeur que puisse atteindre non seulement l'obturateur de cette espèce, mais même un obturateur central quelconque, quelle qu'en soit l'espèce.

Tangente à la courbe de rendement. — Il est évident que, l'abscisse des courbes de rendement diminuant quand μ ou ρ croissent, la tangente à l'origine se relève en même temps. On le vérifie aisément sur l'expression du coefficient angulaire

$$C = \frac{4\Omega_0}{\pi\rho}\sin\omega\sin\alpha.$$

A l'origine $\alpha = \dfrac{\pi}{2}$ et $C_0 = \dfrac{4\Omega_0}{\pi\rho}\sqrt{1 - \mu^2}$.

Or $\dfrac{\Omega_0}{\rho}$ croît évidemment avec ρ. Il en est encore ainsi de $\Omega_0\sqrt{1-\mu^2}$, dont la dérivée par rapport à μ

$$\frac{d}{d\mu}(\omega_m-\omega_0)\sin\omega_m = -\frac{\Omega_0}{\tang\omega_m} + \frac{\sin\omega_m-\sin\omega_0}{\sin\omega_0}$$

$$= \frac{\sin\omega_m-\sin\omega_0}{\sin\omega_0}\left(1 - \frac{\Omega_0}{\sin\omega_m-\sin\omega_0}\frac{\sin\omega_0}{\tang\omega_m}\right).$$

$\dfrac{\Omega_0}{\sin\omega_m-\sin\omega_0}$ est inférieur à $\dfrac{1}{\cos\omega_m}$, d'après la démonstration de la page 13. On a donc

$$\frac{\Omega_0}{\sin\omega_m-\sin\omega_0}\frac{\sin\omega_0}{\tang\omega_m} < \frac{1}{\cos\omega_m}\frac{\sin\omega_0}{\tang\omega_m} = \frac{\sin\omega_0}{\sin\omega_m} < 1.$$

Si

$$\mu+\rho=1, \qquad \Omega_0=\omega_m, \qquad \cos\omega_m=1-\rho, \qquad \rho=2\sin^2\frac{\omega_m}{2},$$

$$\frac{\sqrt{1-\mu^2}}{\rho} = \frac{\sqrt{\rho(2-\rho)}}{\rho} = \sqrt{\frac{1-\frac{\rho}{2}}{\frac{\rho}{2}}} = \frac{\cos\frac{\omega_m}{2}}{\sin\frac{\omega_m}{2}}$$

et

$$C_0 = \frac{8}{\pi}\frac{\frac{\omega_m}{2}}{\tang\frac{\omega_m}{2}},$$

quantité qui atteint sa plus grande valeur pour $\rho=0$. On a alors

$$C_0 = \frac{8}{\pi} = 2,54648.$$

Carte du rendement. — La carte du rendement se trace comme pour l'obturateur externe. La région du plan limitée par OY et par la parabole $\mu+\rho=1$ est la seule où puisse se trouver le pivot (*fig.* 16). Il existe encore une série de courbes d'égal rendement à branches infinies, qui ne peuvent avoir de tangentes dirigées vers le centre, puisqu'il n'y a pas de maximum quand μ est constant. Ces courbes sont paraboliques, le rendement ayant toujours pour limite $N=1-\dfrac{4}{3\pi}$, lorsque μ est différent de 1 (¹). Tant que le rendement S est inférieur à ce nombre, leur origine est sur l'axe de symétrie

Fig. 16.

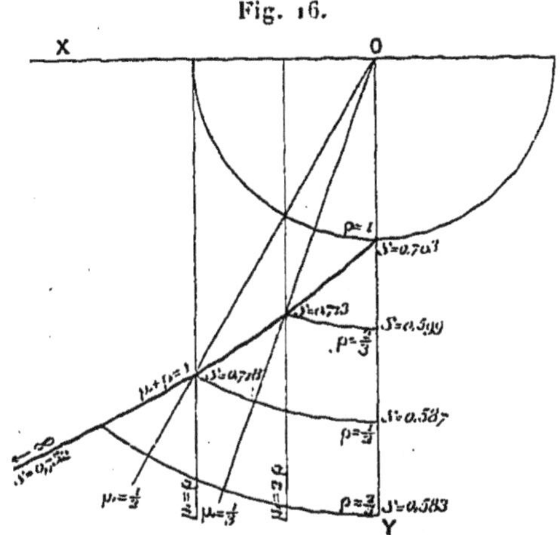

OY et s'éloigne quand S diminue. Enfin, quand $S = N$, la courbe s'éloigne indéfiniment.

Amplitude du mouvement. — Elle est

$$\Omega_0 = \operatorname{arc\,cos}\mu - \operatorname{arc\,cos}(\mu + \rho),$$

croît avec ρ et avec μ aussi, car $\dfrac{d\Omega_0}{d\mu} = -\dfrac{1}{\sin\omega_m} + \dfrac{1}{\sin\omega_0}$, quantité évidemment positive, puisque $\sin\omega_m > \sin\omega_0$. Elle n'a donc aucun maximum. $\mu + \rho$ étant constant, si μ croît, la dérivée se réduit à $-\dfrac{1}{\sin\omega_m}$ et l'amplitude diminue. Il y a donc avantage, tant au point de vue de l'amplitude qu'au point de vue du rendement, à s'éloigner sur la parabole $\mu + \rho = 1$.

OBTURATEUR CENTRAL MIXTE.

Dans les obturateurs de ce genre, les phases d'ouverture et de fermeture sont inégales et représentées (p. 25, *fig.* 11)

(¹) Le calcul de cette limite diffère peu de celui de la page 33 et le résultat est le même.

par

$$\Omega_1 = \text{arc cos}(\mu - \rho) - \text{arc cos}\,\mu$$

et

$$\Omega_0 = \text{arc cos}\,\mu - \text{arc cos}(\mu + \rho)$$

ou inversement. L'amplitude du mouvement est toujours supérieure à celle de l'obturateur non excentrique, et croît avec μ et ρ (p. 7). En outre, le rapport $\frac{\Omega_0}{\Omega_1}$ va en croissant dans les mêmes circonstances. C'est une conséquence immédiate de la croissance de x, pour la courbe de rendement de la guillotine, avec μ et ρ. $\frac{\Omega_0}{\Omega_0 + \Omega_1}$ représente, en effet, l'abscisse de cette courbe pour $\alpha = \frac{\pi}{2}$. Le sommet P de la courbe se rapproche ou s'éloigne donc de l'origine suivant le cas. La variation est maxima, si $\mu + \rho$ restant égal à l'unité, ρ devient infiniment petit. On a alors (éq. 16, p. 17)

$$\frac{\Omega_0}{\Omega_1} = \frac{\sin\frac{\pi}{4}}{1 - \sin\frac{\pi}{4}} = \frac{1}{\sqrt{2} - 1}.$$

Variation du rendement. — Si l'on se reporte à la *fig.* 11, on voit que, x et x' étant les valeurs des abscisses de la guillotine pour des valeurs supplémentaires de α, l'une inférieure, l'autre supérieure à $\frac{\pi}{2}$, on peut représenter ce rendement par une expression de la forme $S = \int(1 - x' + x)dy$, de telle sorte que l'étude des variations de ce rendement avec μ est ramenée à l'étude de l'expression $\frac{d}{d\mu}(x' - x) = \frac{d}{d\mu}\frac{\omega' - \omega}{\Omega}$, où ω' est défini par la relation $\cos\omega' = \mu - \rho\cos\alpha$, α variant de $\frac{\pi}{2}$ à o,

$$\Omega^2 \frac{d}{d\mu}\frac{\omega' - \omega}{\Omega} = \Omega\left(\frac{1}{\sin\omega} - \frac{1}{\sin\omega'}\right) - (\omega' - \omega)\left(\frac{1}{\sin\omega_0} - \frac{1}{\sin\omega_1}\right)$$

$$= \left(\frac{\omega_1 - \omega_0}{\dfrac{1}{\sin\omega_0} - \dfrac{1}{\sin\omega_1}} - \frac{\omega' - \omega}{\dfrac{1}{\sin\omega} - \dfrac{1}{\sin\omega'}}\right)\left(\frac{1}{\sin\omega} - \frac{1}{\sin\omega'}\right)\left(\frac{1}{\sin\omega_0} - \frac{1}{\sin\omega_1}\right).$$

On peut voir que la première parenthèse est toujours négative et que par suite le rendement croît avec μ. On a

$$\frac{\omega' - \omega}{\dfrac{1}{\sin\omega} - \dfrac{1}{\sin\omega'}} = \frac{\omega' - \omega}{\sin\omega' - \sin\omega}\sin\omega\sin\omega'.$$

Le produit $\sin\omega\sin\omega'$ croît avec α, sa dérivée étant

$$\rho\sin\alpha\left(\frac{\sin\omega'}{\tan g\omega} - \frac{\sin\omega}{\tan g\omega'}\right) > 0,$$

car si $\tan g\omega'$ n'est pas négatif, on a

$$\sin\omega' > \sin\omega, \qquad \tan g\omega' > \tan g\omega.$$

Il en est encore ainsi de $\dfrac{\omega' - \omega}{\sin\omega' - \sin\omega}$, dont la dérivée, par
rapport à α, est

$$\rho\sin\alpha\,\frac{-(\sin\omega' - \sin\omega)\left(\dfrac{1}{\sin\omega'} + \dfrac{1}{\sin\omega}\right) + (\omega' - \omega)\left(\dfrac{\cos\omega'}{\sin\omega'} + \dfrac{\cos\omega}{\sin\omega}\right)}{(\sin\omega' - \sin\omega)^2},$$

soit

$$\frac{(\omega' - \omega)\sin(\omega + \omega') - (\sin\omega' - \sin\omega)(\sin\omega' + \sin\omega)}{\sin\omega\sin\omega'(\sin\omega' - \sin\omega)^2}\rho\sin\alpha,$$

ou enfin

$$\frac{(\omega' - \omega) - \sin(\omega' - \omega)}{\sin\omega\sin\omega'(\sin\omega' - \sin\omega)^2}\sin(\omega + \omega')\rho\sin\alpha,$$

quantité évidemment positive, ce qui démontre le point
avancé.

ρ croissant, il suffit de se reporter à la variation du rendement de la guillotine avec ρ (p. 16) pour voir que le rendement augmente toujours avec ρ. En effet, α variant de
$\frac{\pi}{2}$ à π dans la guillotine, il peut y avoir accroissement ou diminution de la surface de la courbe; mais, α variant de zéro à
$\frac{\pi}{2}$, il y a toujours une diminution supérieure à la variation
précédente. Or, dans l'obturateur central, cette dernière diminution se change en accroissement.

Soit enfin $\mu + \rho = 1$. En revenant encore à l'étude de
l'abscisse de la guillotine, on a pour celle-ci

$$\frac{dx}{d\alpha} = \frac{\rho\sin\alpha}{\omega_1\sin\omega}.$$

Tenant compte de la relation $\cos\omega = 1 - \rho\,(1 - \cos\alpha)$,

$$\frac{d\omega}{d\rho} = \frac{1 - \cos\alpha}{\sin\omega} = \frac{1 - \cos\omega}{\rho\,\sin\omega},$$

$$\frac{d^2 x}{d\alpha\,d\rho} = \sin\alpha\;\frac{\omega_1 \sin\omega - \rho\left(\omega_1 \cos\omega\,\dfrac{d\omega}{d\rho} + \sin\omega\,\dfrac{d\omega_1}{d\rho}\right)}{\omega_1^2 \sin^2\omega}$$

$$= \frac{\sin\alpha}{\omega_1^2 \sin^3\omega}\left(\omega_1 \sin^2\omega - \omega_1 \cos\omega + \omega_1 \cos^2\omega - \sin^2\omega\,\frac{1 - \cos\omega_1}{\sin\omega_1}\right)$$

$$= \frac{\sin\alpha\,(1 - \cos\omega_1)}{\omega_1^2 \sin\omega_1 \sin^3\omega}\left(\cos^2\omega - \cos\omega\,\frac{\omega_1 \sin\omega_1}{1 - \cos\omega_1} - 1 + \frac{\omega_1 \sin\omega_1}{1 - \cos\omega_1}\right)$$

$$= \frac{\sin\alpha\,(1 - \cos\omega_1)}{\omega_1^2 \sin\omega_1 \sin^3\omega}\,(1 - \cos\omega)\left(\frac{\omega_1 \sin\omega_1}{1 - \cos\omega_1} - 1 - \cos\omega\right);$$

$$\frac{\omega_1 \sin\omega_1}{1 - \cos\omega_1} = \frac{2\,\dfrac{\omega_1}{2}}{\tan\dfrac{\omega_1}{2}}$$ décroît de 2 à zéro, ω_1 croissant de zéro

à π. Lorsqu'on se borne à considérer la courbe de rendement de la guillotine, le minimum unique de $\dfrac{dx}{d\rho}$ correspond
donc à des valeurs tantôt positives, tantôt négatives de $\cos\omega$.
ω_1 tendant vers π, il a lieu pour des valeurs de ω de plus en
plus voisines de π, et cette limite est atteinte pour $\rho = 1$. Une
pareille position du minimum, à l'une des extrémités de la
courbe de rendement, pourrait sembler inadmissible si l'on ne
remarquait que, en même temps que ρ tend vers l'unité, $\dfrac{dx}{d\rho}$
tend vers zéro.

Il résulte de ce qui précède que, pour l'obturateur central, le rendement est croissant avec ρ, quand ρ est voisin
de 1. En effet, l'accroissement de surface dû à l'accroissement de $(1 - x')$ est alors manifestement supérieur à la diminution de x, de telle sorte que $1 - x' + x$ se trouve aug-
menté.

Si l'on suppose au contraire ρ infiniment petit, ainsi que
ω et ω_1, on a, pour $\dfrac{\omega_1 \sin\omega_1}{1 - \cos\omega_1}$,

$$\frac{\omega_1\left(\omega_1 - \dfrac{\omega_1^3}{6}\right)}{\dfrac{\omega_1^2}{2} - \dfrac{\omega_1^4}{24}} = 2\left(1 - \frac{\omega_1^2}{12}\right),$$

et, en portant cette valeur dans $\dfrac{d^2 x}{d\alpha\, d\rho}$,

$$\frac{d^2 x}{d\alpha\, d\rho} = \sin\alpha\; \frac{\frac{\omega_1^2}{2}\,\frac{\omega^2}{2}}{\omega_1^3\,\omega^3}\left(2 - \frac{\omega_1^2}{6} - 1 - 1 + \frac{\omega^2}{2}\right) = \sin\alpha\;\frac{\omega^2 - \frac{\omega_1^2}{3}}{8\,\omega\,\omega_1}.$$

On peut transformer cette expression en y introduisant la valeur de z,

$$\cos\omega = 1 - \frac{\omega^2}{2} = 1 - \rho\,(1 - \cos\alpha),$$

$$\cos\omega_1 = 1 - \frac{\omega_1^2}{2} = 1 - 2\rho.$$

Substituant,

$$\frac{d^2 x}{d\alpha\, d\rho} = \sin\alpha\;\frac{\rho\,(1 - \cos\alpha) - \frac{2}{3}\rho}{8\rho\,\sqrt{2\,(1 - \cos\alpha)}} = -\frac{1}{8}\cos\frac{\alpha}{2}\left(\cos\alpha - \frac{1}{3}\right),$$

et, sous cette forme, on voit que le minimum a lieu pour un angle $\alpha < \dfrac{\pi}{2}$, ou bien

$$\frac{d^2 x}{d\alpha\, d\rho} = \frac{1}{4}\cos\frac{\alpha}{2}\left(\sin^2\frac{\alpha}{2} - \frac{1}{3}\right).$$

α varie de $\dfrac{\pi}{2}$ à π pour l'obturateur central, et non de zéro à π. Si donc α a ces limites dans x' et x ou $\cos\omega = \mu + \rho\cos\alpha$, on devra, pour la valeur de x, changer α en $\pi - \alpha$, $d\alpha$ en $- d\alpha$, et l'on obtiendra

$$\frac{d^2\,(1 - x' + x)}{d\alpha\, d\rho} = -\frac{1}{4}\left[\cos\frac{\alpha}{2}\left(\sin^2\frac{\alpha}{2} - \frac{1}{3}\right) + \sin\frac{\alpha}{2}\left(\cos^2\frac{\alpha}{2} - \frac{1}{3}\right)\right]$$

$$= -\frac{1}{8}\left(\sin\alpha - \frac{2}{3}\right)\left(\sin\frac{\alpha}{2} + \cos\frac{\alpha}{2}\right).$$

α variant de $\dfrac{\pi}{2}$ à π, $\dfrac{d^2\,(1 - x' + x)}{d\alpha\, d\rho}$ commence par être négatif, s'annule, puis devient positif; $\dfrac{d\,(1 - x' + x)}{d\rho}$, qui part de zéro puisque $1 - x' + x$ est nul pour $\alpha = \dfrac{\pi}{2}$, est donc négatif au début, passe par un minimum et s'annule pour $\alpha = \pi$, puisque alors la corde de la courbe, parallèle à OX, s'annule. Cette dérivée reste donc constamment négative et le rendement diminue quand ρ augmente.

Il était au contraire croissant lorsque ρ était voisin de 1. Il passe donc par un minimum dans l'intervalle.

Tangente aux extrémités de la courbe de rendement. — Les inclinaisons de la tangente aux extrémités de la courbe de rendement sont supplémentaires. A l'origine, c'est celle de la tangente à la courbe de rendement de la guillotine, au point où $y = \frac{1}{2}$. Elle est exprimée par la formule (12) (p. 9) où $\alpha = \frac{\pi}{2}$ et est alors

$$C_m = \frac{2\sqrt{1-\mu^2}}{\pi\rho}\,\Omega.$$

L'inclinaison croît avec ρ et μ. Le premier de ces points s'établit par une méthode déjà employée.

Le terme général du développement de

$$\Omega = \text{arc}\cos(\mu - \rho) - \text{arc}\cos(\mu + \rho)$$

est, à un facteur constant près,

$$(\mu + \rho)^{2n+1} - (\mu - \rho)^{2n+1}.$$

Or l'expression développée en série de cette quantité ne contient que des termes positifs où ρ a une puissance au moins égale à l'unité.

D'autre part,

$$\Omega\sqrt{1-\mu^2} = (\omega_1 - \omega_0)\sin\omega_m$$

a pour dérivée, par rapport à μ,

$$\left(\frac{1}{\sin\omega_0} - \frac{1}{\sin\omega_1}\right)\sin\omega_m - (\omega_1 - \omega_0)\frac{\cos\omega_m}{\sin\omega_m}$$

$$= \frac{\sin\omega_1 - \sin\omega_0}{\sin\omega_m}\left[\frac{\sin^2\omega_m}{\sin\omega_0\sin\omega_1} - \frac{(\omega_1 - \omega_0)\cos\omega_m}{\sin\omega_1 - \sin\omega_0}\right].$$

$$\cos\omega_m = \frac{\cos\omega_0 + \cos\omega_1}{2} = \cos\frac{\omega_0 + \omega_1}{2}\cos\frac{\omega_1 - \omega_0}{2}$$

et la parenthèse peut s'écrire

$$\frac{\sin^2\omega_m}{\sin\omega_0\sin\omega_1} - \frac{\dfrac{\omega_1 - \omega_0}{2}}{\tan g\dfrac{\omega_1 - \omega_0}{2}}.$$

Le deuxième terme est inférieur à l'unité, $\dfrac{\omega_1 - \omega}{2}$ étant inférieur à $\dfrac{\pi}{2}$. Au contraire, le premier est supérieur à 1, car

$$\sin^4 \omega_m = (1 - \mu^2)^2 > 1 - 2(\mu^2 + \rho^2) + (\mu^2 - \rho^2)^2 = \sin^2 \omega_0 \sin^2 \omega_1.$$

Si $\mu + \rho = 1$, $\omega_0 = 0$,

$$C_m = \frac{2}{\pi} \sqrt{\frac{1 + \mu}{1 - \mu}} \ \text{arc} \cos(2\mu - 1).$$

La dérivée de cette quantité par rapport à μ est, en négligeant le facteur constant $\dfrac{2}{\pi}$,

$$\sqrt{\frac{1 - \mu}{1 + \mu}} \ \frac{\text{arc} \cos(2\mu - 1)}{(1 - \mu)^2} - \sqrt{\frac{1 + \mu}{1 - \mu}} \ \frac{1}{\sqrt{\mu(1 - \mu)}}$$

$$= \frac{1}{1 - \mu} \left[\frac{\text{arc} \cos(2\mu - 1)}{\sqrt{1 - \mu^2}} - \sqrt{\frac{1 + \mu}{\mu}} \right].$$

Pour $\mu = 0$, cette quantité est égale à $-\infty$.

Lorsque μ tend vers 1, si $\mu = 1 - \varepsilon$, on a

$$2\mu - 1 = 2(1 - \varepsilon) - 1 = 1 - 2\varepsilon, \qquad \cos \omega_1 = 1 - 2\varepsilon,$$

$$\varepsilon = \frac{1 - \cos \omega_1}{2} = \sin^2 \frac{\omega_1}{2},$$

d'où

$$\omega_1 = 2 \ \text{arc} \sin \sqrt{\varepsilon}.$$

La dérivée devient, pour la partie variable,

$$\frac{2(1 - \varepsilon)^{\frac{1}{2}} \ \text{arc} \sin \varepsilon^{\frac{1}{2}} - (2 - \varepsilon) \varepsilon^{\frac{1}{2}}}{\varepsilon^{\frac{3}{2}} \sqrt{(1 - \varepsilon)(2 - \varepsilon)}} = \frac{2\left(1 - \dfrac{\varepsilon}{2}\right)\left(\varepsilon^{\frac{1}{2}} + \dfrac{\varepsilon^{\frac{3}{2}}}{6}\right) - (2 - \varepsilon)\varepsilon^{\frac{1}{2}}}{\varepsilon^{\frac{3}{2}} \sqrt{(1 - \varepsilon)(2 - \varepsilon)}}$$

$$= 2 \ \frac{\left(1 + \dfrac{\varepsilon}{6}\right) - 1}{\varepsilon \sqrt{(1 - \varepsilon)(2 - \varepsilon)}} \left(1 - \frac{\varepsilon}{2}\right),$$

quantité qui tend vers $\dfrac{1}{3\sqrt{2}}$. En rétablissant le facteur $\dfrac{2}{\pi}$, on voit que, pour $\mu = 1$, la dérivée a pour valeur $\dfrac{\sqrt{2}}{3\pi}$, quantité positive. C_m passe donc par un minimum. On trouve qu'il a lieu pour $\mu = 0{,}30345$. Or, pour $\mu = 0$, $C_m = 2$; pour $\mu = 1$, on trouve facilement

$$C_m = \frac{4\sqrt{2}}{\pi} = 1{,}80063;$$

pour $\mu = 0{,}30345$, $C_m = 1{,}7198$.

L'existence de ce minimum est importante à reconnaître. Elle explique, en effet, dans une certaine mesure, l'existence du minimum de rendement, sans le déterminer du reste, puisque le point d'inflexion qui affecte l'une des branches de la courbe le fait sortir du trapèze isoscèle déterminé par les tangentes aux extrémités, dans le rectangle circonscrit.

Limites du rendement. — Lorsque $\mu = 1$, $\rho = 0$, on obtient une limite du rendement de la manière suivante :

$$X = 1 - x' + x = 1 - \frac{\arccos(\mu - \rho\cos\alpha) - \arccos(\mu + \rho\cos\alpha)}{\Omega};$$

α variant de $\dfrac{\pi}{2}$ à zéro (p. 45),

$$y = 1 - 2\,\frac{\alpha - \sin\alpha\cos\alpha}{\pi}.$$

On a alors

$$S = \int_0^{\frac{\pi}{2}} \left(1 - 2\,\frac{\alpha - \sin\alpha\cos\alpha}{\pi}\right) \frac{d}{d\alpha}\,\frac{\arccos(\mu - \rho\cos\alpha) - \arccos(\mu + \rho\cos\alpha)}{\Omega}\,d\alpha$$

$$= \frac{\Omega_1}{\Omega} \int_0^{\frac{\pi}{2}} \left(1 - 2\,\frac{\alpha - \sin\alpha\cos\alpha}{\pi}\right) \frac{d}{d\alpha}\,\frac{\arccos(\mu - \rho\cos\alpha) - \arccos\mu}{\Omega_1}\,d\alpha$$

$$+ \frac{\Omega_0}{\Omega} \int_0^{\frac{\pi}{2}} \left(1 - 2\,\frac{\alpha - \sin\alpha\cos\alpha}{\pi}\right) \frac{d}{d\alpha}\,\frac{\arccos\mu - \arccos(\mu + \rho\cos\alpha)}{\Omega_0}\,d\alpha.$$

Les intégrales représentent les rendements déjà connus des obturateurs vanne. Tenant compte des limites précédemment obtenues

$$\frac{\Omega_1}{\Omega} = 1 - \frac{\sqrt{2}}{2}, \qquad \frac{\Omega_0}{\Omega} = \frac{\sqrt{2}}{2},$$

on pourra écrire

$$\lim S = \left(1 - \frac{\sqrt{2}}{2}\right)\left[\frac{\sqrt{2}}{\sqrt{2}-1} - \frac{56}{15\pi(\sqrt{2}-1)}\right] + \frac{\sqrt{2}}{2}(8\sqrt{2}-7)\frac{8}{15\pi}$$

$$= 1 - 8\,\frac{7\sqrt{2}-8}{15\pi} = 0,67753.$$

Lorsque ρ croît à partir de zéro, la condition $\mu + \rho = 1$ étant satisfaite, le rendement diminue, passe par un minimum et, pour $\mu = 0$, $\rho = 1$, atteint la valeur connue

$$\frac{1}{2} + \frac{2}{\pi^2} = 0,70264,$$

qui dès lors est la plus grande qu'il puisse atteindre pour ce système d'obturateur.

Carte du rendement. — Cette Carte se dresse facilement d'après ces données (*fig.* 17). Le rendement étant supérieur

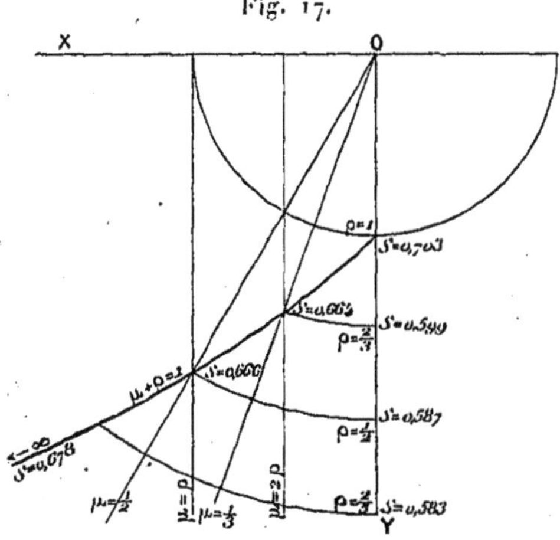

à 0,678, la courbe d'égal rendement est voisine du diaphragme et coupe l'axe OY et la parabole $\mu + \rho = 1$ qui limitent l'espace où peut être placé l'un des pivots. Le rendement étant compris entre 0,678 et le minimum reconnu sur la parabole, cette courbe et celle d'égal rendement se coupent deux fois.

Les deux points d'intersection, réunis en un seul, donnent,
pour le minimum, un point de contact des deux courbes. Enfin, pour une valeur inférieure, la courbe d'égal rendement
ne coupe plus la parabole. Le point du minimum de rendement, sur cette courbe, est très voisin du diaphragme. Pratiquement, au point de vue du rendement, il y aura avantage
à éloigner le pivot sur la parabole; on pourra ainsi atteindre
un rendement d'environ $\frac{2}{3}$.

FIN.

TABLE DES MATIÈRES.

18960   Paris. — Imp. GAUTHIER-VILLARS ET FILS, quai des Grands-Augustins, 55.

www.ingramcontent.com/pod-product-compliance
Ingram Content Group UK Ltd.
Pitfield, Milton Keynes, MK11 3LW, UK
UKHW021702130726
13696UKWH00004B/1621